U0870098

真实的人生，就要自己说了算

第十二只猫 著

中国出版集团 现代出版社

图书在版编目（CIP）数据

真实的人生，就要自己说了算 / 第十二只猫著. --北京：现代出版社，2019.7
ISBN 978-7-5143-8041-5

Ⅰ.①真… Ⅱ.①第… Ⅲ.①人生哲学—通俗读物 Ⅳ.①B821-49

中国版本图书馆 CIP 数据核字（2019）第161900号

真实的人生，就要自己说了算

作　　者：第十二只猫
责任编辑：罗　爽　王志标
出版发行：现代出版社
地　　址：北京市安定门外安华里504号
邮政编码：100011
电　　话：010-64267325　010-64245264（兼传真）
网　　址：www.1980xd.com
电子信箱：xiandai@vip.sina.com
印　　刷：保定华升印刷有限公司

开　　本：710mm×1000mm　1/16
印　　张：13　　字　　数：150千字
版　　次：2019年10月第1版　　印　　次：2019年10月第1次印刷
书　　号：ISBN 978-7-5143-8041-5
定　　价：36.00元

静下心来，发现生命中的光。

摄影师：王　艳

心静如水，才能幸福快乐。

摄影师：第十二只猫

远空碧水，青山桥影，无不让自己内心宁静。
摄影师：第十二只猫

岁月如秋，万物归宁，天地澄净。

摄影师：第十二只猫

山水朦胧，人生要静，心态平和，方能看见前方的光明。

摄影师：王　艳

与自己和解，看到人生道路上的一片光明。

摄影师：王　艳

人生如潮，起起落落，终归于静，万物归宁。

摄影师：王　艳

秋叶之美，如宁静之心。

摄影师：李绪廷

千年古树，历经风霜，犹有绿意盎然；万古石桥，久经岁月，仍旧坦然面对。

你是谁？谁又是你？

你是谁？

你是谁？

这个问题乍一问，挺傻。

再一想，似乎挺哲学，是呀，你是谁？你用什么来证明你就是那个谁谁谁？

你说我叫张帆，所以我就是张帆。我的出生证、户口本、身份证上都写了，“张帆”这两个字是我的名字，所以我就是张帆。

但是，“张帆”只是个符号，全中国叫“张帆”的没有成百上千也绝对不仅你一个，那是不是这些所有叫“张帆”的都是你？

你认为我在扯歪理，不，我没有扯歪理。一个名字绝对不能证明你是谁。

那你又说了，我爹叫张叉叉，我妈叫王双双，我脸型像我爹，我五官像我妈，我神态像我爹，我走路姿势像我妈，所以那个长得又像张叉叉又像王双双的人是我。

但是，假如，你是双胞胎，还是同卵双胞胎，那是不是你的那个孪生兄弟也是你？或者有个人照着你的模样整容成跟你一模一样他就是你？

你急了，说，我就是我，我还用证明我就是我吗？

你不用证明，但是关于“你是谁”这个问题是没有标准答案的，因为那些标注在你身上的名称：父亲、作家、那个人的妻子、那家公司的老总等，都如你叫张帆一样，只是你的标记。正如我们在超市购物，会一个个给已经购买的物品做个小记号一样，这些外在的东西回答不了你是谁这个问题。

因为真正能区别于你就是你不是别人的东西，不是名字、标记，也不是长相、父母、出生地，真正能证明你就是你，任何人也替代不了你的，就是你的思想。

唯有你那与众不同的思想，才能证明你就是你，而不是别人。

就像前两年流行的穿越文一样，当你，张帆“不小心”穿越到一个农民王二牛身上的时候，你用了人家的身体、用了人家的爹、用了人家的妈，甚至准备娶人家的未婚妻，但你就此会认为你是那个王二牛吗？你不会，你最多会认为自己是顶着王二牛身份的张帆。

好了，让我们“穿越”回来。

唯有对于同一件事，同一个人，你都有你独立的见解与思考，你才会是你，你才不会泯然于众人。

比如对拐卖儿童者，抓到是否该枪毙；比如公交车上该不该给看起来身体很硬朗的老人让座；再比如关于一些 App 的智能推送……每个人都有每个人不同的想法。

有人说拐卖儿童者太可恶了，他们获得的可能只是几万几千甚至只几百元的利益，却整整毁了孩子的一生，毁了一整个家庭。国家对这种人必须下重手，抓一个杀一个，没什么好可惜的。但有人却说了，不能轻易杀，如果抓一个杀一个，那些已经被拐卖了的孩子找回来甚至存活的可能性就大大减少了。

有人说你们发现了没，当我打开过某个网页，看过或搜索过某些东西后，我再重新打开一个网页，他们就会给你推送相关的新闻或产品，这种事是不是太恐怖了，我感觉活得一点隐私都没有了。但有的人会说，还好哇，我觉得这没什么，上一次我想搜一本某某内容的书，因为没具体书名，还多亏了这些推荐，让我找到不少好书……

可是你再问个小朋友："小朋友，关于'App 自动推送'这件事，你怎么看？"

小朋友可能会歪着头问你："App 是什么？能吃吗？"

…………

正是这些千差万别的思想与观点，才成就了地球上六十余亿不同的我们。

但即使在只有一个人的思想才能证明他是谁的情况下，有些人还把他的思想给"吃"了。他们把自己的思想压制下去，听从他人的摆布，人云亦云，只会鹦鹉学舌，完全或者几乎没有独处思考能力。那么，此时的你，还敢说你就是你吗？

谁又是你？

谁又是你？

当你看到这个问题的时候你肯定有点烦，怎么绕来绕去的，烦不烦。刚才你不是说了吗？张帆不是我，张叉叉和王双双的儿子不是我，只有那个独立思想的我是我——放心，我没有任人摆布我的思想，也没有人云亦云。

我笑了，因为你的可爱。我说，或许那个有独立思想的你是你，但当你面对上司时的毕恭毕敬和面对家人时不耐烦的你，哪个才是真正的你？

你有时在人前大放厥词，有时又谨小慎微，哪个又是真正的你？

你有时疑神疑鬼患得患失，有时又自信笃定，哪个又是真的你？

你在外也许是个科长、老师、艺术家、商人……在家也许只是个儿子、丈夫、父亲……这些不都是你吗？

你有这么多的面孔与标签，哪个是你？

这些都是你，又不都是你。

说都是你，因为这些形象全是你在外人眼里的形象，所以，他们是别人眼中的你。

说不都是你，是因为别人眼中的你也许并不是你本真的模样。

你本真是什么样子的？

大概是那个周末睡到午饭时间，然后脸不洗牙不刷，光着膀子穿着大裤衩开始打电话的你；

你还可能是那个一回家就脱掉塑身小大衣，高跟鞋，不戴胸罩，穿着睡衣就开始进厨房的你；

你还有可能是那个窝在沙发里，撒着娇或发着脾气等着妈妈给你做红烧排骨的你……

那个最放松，卸下所有伪装和面具的你也是你。

那么谁是你？

那个集所有标签于一身和那个最放松最真实的你都是你。只是，你在不同的时刻、场景，面对不同的人，你也扮起了不同的角色。只是有些人，扮着扮着就忘了自己本来的模样，然后开始讨厌那个假的自己，继而讨厌真正的自己。总觉得我活得不像我，但到底问题出在哪里，自己又说不上来。还有的人会觉得活得累得很，不明白人为什么要活着。更有人从讨厌自己开始讨厌周围的人，继而讨厌这世界……

这一切的矛盾，这一切的不自在，都缘于你忘了你是谁，谁又是你的原因，所以，我才花这么多时间，写下那么多绕口难懂的问题，只是为了解救那个讨厌自己，与自己闹别扭的你。

在我问了你是谁、谁又是你的问题之后，你还是不明白你的别扭感从何而来，你也没办法因此就喜欢上自己，那是因为你还不知道你想成为谁。

你想成为谁？

对于你想成为谁的这个问题，这回你笑了，说道，你以为我还是七八岁的小孩子，会给出我想成为科学家、宇航员这些答案吗？听了你前面的两个问题，我大概知道你想要什么样的答案了。

我告诉你，我目前想成为一个月收入 1 万 ~2 万元的人；几年后，我可能会成为一个年收入 30 万 ~50 万元的老板；再几年后，我还会成为一个丈夫，一个父亲；等等。怎么样，这个回答你满意吗？

我笑而不答。

你有些恼火，说，别故弄玄虚，说吧，怎样回答你才满意。

我问，你现在的月收入多少？

你说七千元左右。

我说，你对现在的工作和工资满意吗？

你说，不满意，我想做一份月收入至少一万元的工作。

我嗯了一声，道，这个我知道，那假如你现在的工资有一万，甚至一万多，你对你的工作满意吗？

这回你思考了下，回答得没有以前快了，然后说，应该是满意的。因为这样的工资对于你这个年龄及文化层次的人来说，是很不错的了，所以应该是满意的。

我又问，为什么是“应该”满意，而不是“肯定”满意？

你犹豫了一会儿，答：不知道。也许，我并不是很喜欢这份工作，也许，我并不喜欢公司的某些领导及同事……但这些不重要，我知道你想说什么了。你想说的我想成为谁，是要做自己喜欢的事对吗？但你不觉得你这问题过于天真过于不符合现实了吗？人首先要生存，也要对一部分人负起责任，那么，为了生存和为了负我该负的责任，我可能会选择一个我不喜欢但能满足我生存条件的工作，这么回答还正确吗？

我说，这回答挺正确的，但是，我们把时间往前推，推到你还是个孩子时，推到你就是电影《狗十三》里的李玩，你再想想你的回答是否正确。

电影《狗十三》于2018年底上映，讲述的是一个十三岁的“不懂事”的女孩，在父母的教育及棍棒下成长为一个“懂事”的女孩的过程。

电影一开始，初中生女孩想报物理方面的学习小组，在老师的谆谆教导下，在父亲的巴掌下，李玩被迫将物理学习小组改成了英语学习小组。

为了安慰她，当然，也是因为再婚的父母在不想告知李玩，他们又给她生了一个小弟弟的情况下，给她买了一只小狗。李玩从不接受小狗到爱上小狗，并且给小狗取名“爱因斯坦”。

但是，有一天，小狗陪爷爷买菜的时候，走丢了。

为了找小狗，李玩和爷爷、奶奶发脾气、闹情绪。为此，爷爷还扭伤了脚。至此，全家人都还在迁就李玩（在此我们也能更清楚地看到，全家人都很爱李玩），认为狗丢了，她闹下情绪是正常的。却始终没人去想李玩为什么闹情绪。

在后妈“为了解决问题”，而想出了买一条跟以前那条狗长得一模一样的狗来哄李玩时，李玩的情绪爆发了，她说：“我还不认识我养的狗吗？狗丢了，这是没办法的事，能找到就找，找不到我也认了。但是你们为什么不承认自己犯的错，为什么拿一条别的狗来冒充‘爱因斯坦’（与小演员的原话可能有区别，但意思表达应该是一样的）？”

于是，李玩跑了出去。

而奶奶为了找李玩，多少年不出门的老人找不到回家的路了。为此，李玩的爸爸情绪失控了，一巴掌打在拿着酒瓶的李玩脸上，爆炸的酒瓶还将李玩的双手扎得鲜血淋漓。于是李玩在父亲那句：“你要闹到什么时候？你怎么这么不懂事，让全家人都为一条狗忙得上蹿下跳的时候（此处与电影原话亦有差异）”中，哭着长大了。

电影中，导演用李玩脱光了衣服来寓意她脱下了孩子的外衣；用她压抑着，让水声抑制哭声来寓意她学会了掩盖真实的内心。

于是，李玩成长为那个刚刚得知自己的第二条狗死亡的时候，依然能面不改色地吃下父亲生意伙伴夹给她的那块狗肉的李玩。

在电影结尾时，李玩偶遇自己丢失的第一条狗。当她对同样认出“爱因斯坦”的堂姐说出那句“我多怕爱因斯坦认出了我，朝我扑过来”时，我的眼泪“唰”的就掉了下来。有多少孩子压抑着自己内心的想法，压抑着真实的自我，终于成长为父母亲人所期待的模样？

这样的李玩，长大后，她还知道、她还记得当初，她想成为谁吗？

那么，如今，我再来问你，你想成为谁时，你该如何作答？也许，时光不可逆，你已经成为李玩，但至少，我们可以让我们的孩子，我们爱的人，不再成为李玩！也让今后的我们，尽量，不成为李玩！

你真的了解自己吗

了解自己，从接纳自己开始

如果我跟你说人常常不能接受的不是别人，而是自己，你是不是会觉得我有毛病？或者觉得我是为了博眼球，语不惊人死不休？

那我问你，你有没有羡慕过别人，希望成为别人的时候？

比如，那个女孩儿长得好漂亮，我要是也像她那么漂亮就好了！

比如，为什么那个男孩儿学习好，体育又好呢？我哪怕只占他一半，只学习好就行了！

比如，王思聪那么有钱，我能有他十分之一，不，百分之一，千分之一就可以了！

还比如，吴磊（电视剧《琅琊榜》中小飞流的扮演者）跟我一样大，但人家有颜有钱有名气，我要是他该多好哇……

类似以上种种念头，你肯定会偶尔有过。

虽然很多时候这种念头我们也只是在特定的时候出现，一般想想就过去了。但你的这种念头的出现，说明了什么？

说明你潜意识中嫌弃自己！

这一点常常被我们忽略。因为这个评价和看法通常是潜意识的，我们可能无法意识到这个过程，而只是感觉到不好，不舒服。当我们有心留意自己的感受，便可以更接近潜意识中的自己。

你羡慕那个女孩儿长得好看的时候，就是在嫌弃自己不够漂亮；

你羡慕那个男孩会读书又会打篮球的时候，就是嫌弃自己既不会学习也不会运动；

你羡慕王思聪有钱的时候，就是嫌弃自己没本事投胎；

你羡慕吴磊有颜有钱有名气的时候，就是嫌弃自己既没颜又没钱更没名气……

难道不是这样吗？

你看那个矮个子女孩儿，每走一步都被痛苦折磨着也不肯脱下十厘米的高跟鞋为什么？因为她觉得她不够高……

但是假如你走在大街上，迎面看到一个身高只有一米五的成年女性，你会嫌弃她吗？你最多会思量一下，这个女孩长得好矮哦，然后呢？没然后了！只要她不是奇装异服的出格者，或言行举止异于常人者，你绝对不会对她心生嫌弃。

但为什么你常常对自己只有一米五的身高心生嫌弃呢？

同理，自己朋友少，嫌弃自己；

自己不会读书，嫌弃自己；

自己不会赚钱，嫌弃自己……

原来，我们似乎无时无刻不在嫌弃自己呀！

如果说，因为认识到自己的某个不足，那么，通过一定的努力和学习，以使自己更优秀，这不是嫌弃自己，这只是能正视自己的缺点。

但有些不足我们是没办法通过自己的努力去改变的，比如身高相貌、父母、肤色等。难道我们就要因为自己比别人矮、比别人丑、比别人穷，从而一辈子瞧不起自己，在别人面前抬不起头来吗？

可是那个人是你呀，是独一无二的你呀！

或许，有人会嫌弃你矮丑穷，但你的父母嫌弃你了吗？大部分父母是不会嫌弃你矮丑穷的，为什么他们不嫌弃你？因为你是他们的孩子，他们爱你，所以才“母不嫌子丑”。但万一很不幸，你是那个姥姥不疼舅舅不爱的一个，那么，你就更不能嫌弃自己了。因为都已经没人喜欢你了，至少你自己要喜欢你呀！

但其实让你喜欢你自己，真的比说服别人来喜欢你要难得多。

所以，说服别人喜欢自己不难，说服自己喜欢自己很难。

当你明白这个感受和你无意识中对自己的看法和评价有关，那么你可能找到了一个切入点：通过改变对自己的看法和评价来改变自己的感受。但是这些的前提是，你要先知道自己的感受。

我为什么花这么大一段笔墨想让你喜欢自己呢，是因为唯有当你自己喜欢自己的情况下，你才会自信！你的自信，不是来源于外界对你的赞赏或认可，而是来自你对自己的赞赏与认可。

而唯有一个人自信了，他才可能真正成功。一个没有自信的马云是无论如何也创建不出阿里巴巴的。

那么，要如何说服自己喜欢自己呢？

我们都知道，想要说服别人，我们是想办法让对方说“是”。这其中的“想办法”包含了专家意见、书籍指导、过往经验等。

而要让自己喜欢自己，也可以从让自己对自己说“是”开始。

让自己对自己说“是”并不是简简单单地对自己说“我很

强”“我很棒”“我能行”这些。这只是自我肯定，也可以说是一种容易导致优越感或者自大的行为方式，这是自己对自己的撒谎。

真正的自我接纳是先诚实地接受客观现实。要能够分清“能够改变的”和“不能够改变的”。接纳那些不能改变的部分，努力改变那些可以改变的部分。

我们要学会问自己几个问题。

问问自己，真的觉得自己的存在就是多余的吗？既然不是，你为什么要嫌弃自己？

问问自己，自己为了让别人喜欢自己做过哪些努力，成功了吗？

问问自己，如果别人都喜欢自己了，自己还会讨厌自己吗？

最后再问问自己，如果你一直嫌弃自己，自己身上那些让自己讨厌的地方就会因此消失不见吗？

最后，聪明的你得出了什么答案？

不论你喜欢还是嫌弃自己，现实都在那里。

要学会做自己的朋友，站在自己这一边，接受并且关心自己的身体和心理状况，不加任何附加条件地接纳自己的一切。

“不论我有什么优点和弱点，我首先选择无条件地接纳自己。”

让我们从学会接受现实的“这个我”，从喜欢自己、接纳自己开始，然后像马云一样，让自己的长处闪闪发光。

成功的面孔有很多种

“成功”这个词儿对于国人来说太不陌生了，它几乎贯穿了我们的整个成长。

可是我们对“成功”这个词的理解却不甚了了。

什么叫成功？

考试得第一叫不叫成功？

不叫！你得考上名牌大学才行。

那考上名牌大学是不是就叫成功？

不叫！你得靠你所学，达到一定社会地位才叫成功，比如成为一呼百应的领导者；比如腰缠万贯，成为福布斯富豪榜上排得上名者；比如成为家喻户晓的大明星。

可是，是不是你拥有了这一切，你就叫成功？

不叫！你还得夫妻和美，家庭幸福……

那么，究竟什么是成功呢？

百度百科上的解释是：成功，指达到或实现某种价值尺度的重要事情或重大事件，从而获得预期结果叫作成功。

这种解释是权威的，也是正确的，但大众对于成功的理解往往只保留了后半句：实现某种重大事件就叫成功，而忘了，达到或实现某种价值尺度也叫成功。

比如我在我的另一本书中曾写过一个案例：一个三十七岁的晚婚青年，因为各种原因，在他接近四十岁的时候，成了无业青年，而此时，他的孩子刚出生一年。

在这种情况下，晚婚青年姐夫的单位恰巧要招人去海外工作三年。

这个工作上手快，薪资高。所以当姐夫把这件事跟晚婚青年说了，希望去海外工作几年。三年下来能净挣上百万不说，还能学一口流利的外语。

经过家庭会议商讨，晚婚青年的妻子和父母都一致赞成这个建议。

但是，晚婚青年还是拒绝了。

追问之下，晚婚青年说出了自己的想法：如果这个机会出现在他结婚前，他肯定去。但现在，他是一个孩子的父亲，是一对老人的儿子。

孩子才刚满一岁，如果他去了国外，他就没有机会看到孩子长大，更不能给他应有的陪伴。而父母年近七十岁，身体也不好，他走了谁来照看父母呢？公司经营失败了，他可以再找其他工作嘛，他又不是没技术。

对于晚婚青年的这番话你有没有什么想法？

有多少男人追求着世俗所理解的成功，于是以工作、事业为由成天不着家。也许，他们有一天确实会实现了事业上的成功，财富上的积累，但他们却错过了对妻儿对父母的陪伴，那么他们是否真的成功了？

而那个选择了陪伴妻儿老小的男人，让孩子从小在不缺父爱，让父母老有所依的男人，他并未达到成功的另一个解释：达到或实现某种重大事件。恰恰，他完成的是另外一个解释：达到或实现某种价值尺度——对家人的陪伴，就是他要实现的价值尺度。所以，他也是成功者。

但事实往往就是这样，这个晚婚男人在找工作的过程中并不顺利。他几经周折才找到一份收入不高的工作，经常为给孩子买点苹果，还要趁打折的时候多买几斤。于是他经济上的捉襟见肘，社会地位上的不名一文，成了世人嘲笑或暗自诟病的对象：他当初要是听他姐夫的去海外，现在肯定不是这个样子了。

甚至更有人会直接议论：男人就是要活出个人样来，舍不得老婆孩子的男人，真是个没出息的男人……

这种评价是不是很常见？

甚至您在看我这篇文章的同时，您突然联想到了您的某个亲人，好像跟我文章中说的晚婚青年的经历差不多，于是您想了想他的生活，摇了摇头说，不对，他这种男人确实还是没出息的男人，怎么着也归不到成功里的。

可见，世俗对利益的追逐早已超过了对感情的羁绊，所以才有这样的误解。

假如，我再给您举个例子。

一个事业有成、有一定社会地位的青年，在一次酒后，突然哭着对您说："你别看我一出手就是几十万的手表，十几万的西服，那是因为我内心的空虚。在事业达到一个峰顶后，我发现我成了孤家寡人，父母走了，老婆离了，孩子除了会伸手朝我要钱外，对我爱理不理的。我叫什么成功，你羡慕我个屎！"对不起，我用了个脏字，但这是这男人真实情感的表达，所以，我没删除。

所以，对于上面这个"成功"男士，您还是认为他是成功的，而那个晚婚青年不是成功的？

此时的您也许会嗫嚅地说："也许那个事业成功的男士不叫成功，但那个晚婚青年那样的也不能叫成功。"

我说，那是不是事业既有成，家庭也美满的人才叫成功？

您说，是。

我笑了，这要求太高了，如果照您这说法，除了事业有成、家庭美满，还要加上身体健康、人人爱戴、格局高雅、见识不凡等条件。能达到这些条件的人万里无一。人生短短几十年，何必给自己设这么高的门槛，追求得多苦哇！但凡达到心中所追求的那个目标之一，都叫某种程度的成功，这样人生才活得有乐趣呀！

成功不是个名词或形容词，而是个动词。他是一步一步向前的，在某个阶段，你达到了你的某种所求，就是成功。而不是非要到达那个世人设定的峰顶，才叫成功。

你追求的成功也许就是一场失败

有两个例子均来自电影，第一部电影是部国外片子，由于时间长久，片名及故事细节我可能都记不太清了。片名大概叫《天伦之旅》吧，电影的主角是位孩子都已成年，妻子刚刚去世不久的父亲。电影一开始，这位父亲正在愉快地准备着聚餐的食材，因为他的四个孩子即将回来陪他过节。

但紧接着，父亲接到了孩子们的电话，纷纷用各种理由告诉父亲他们不能回来陪他过节了。

最后，四个孩子，没有一个回来陪他过节的。

你以为是因为孩子们不孝、自私，才没回来？或者是这位父亲粗暴自私，让孩子们讨厌，所以他们才没回来？

都不是，让我们继续往下看。

守着空荡荡的房子，父亲想，既然孩子们不来看我，那我就去看他们好了。

在火车上，导演通过父亲跟邻座的聊天，让我们知道了他过去的工作：一位包电线的工人。而他靠包电线，培养出来了四个了不得的孩子：大儿子是位画家；大女儿（老二）是企业高管；小儿子（老三）是位音乐指挥家；小女儿（老四）是舞蹈家。

父亲首先去了大儿子大卫家，但是在等了一夜后，也没见到大卫的人。于是他去了大女儿家……在另外三个孩子处，孩子们表面上都是他以为的那个成功人士——各种“家”。但通过短暂的近距离接触，父亲才明白孩子们都在撒谎：貌似事业有成家庭幸福的大女儿已经离婚；自己以为的指挥家小儿子其实只是一个无人关注的鼓手；而舞蹈家小女儿是个未婚妈妈。

一直以来孩子们都在欺骗父亲，告诉他自己有多成功，却从未告诉父亲实情：也许我的生活很困顿窘迫。

为什么会这样？

因为父亲的严厉及父亲对孩子们的期待。孩子们告诉父亲的，正是父亲期望孩子们成为的模样。

在最后，父亲因为身体原因晕倒了，他醒来时，见到了围在他床边的 3 个孩子，也终于知道了孩子们真正的生活模样。而他一直没见到面的，那个曾经想成为油漆匠，也是因为父亲才成为画家的大儿子，已经去世了。电影里，父亲在梦里见到了还是孩子的大儿子，并完成了自己对孩子的愧疚——请求孩子的原谅，自己不该逼迫他们成为不想成为的人。

当然，电影里，孩子们的成功只是谎言，所以父亲才意识到自己追求的成功是一种失败。假如孩子们真的成为他期待的模样，这位父亲是否意识到自己的追求是一种失败呢？想必他未必意识得到吧！但是电影里反复出现的一句话，倒是值得我们思考：父亲在每一次离开孩子时，都会问：“你快乐吗？”

另一部电影是 2018 年初上映的国产片《无问西东》。关于这部电影，网上的电影简介及各路大神的影评，均告诉我们，这部电影讲了四个故事，讲了几个年轻人追求真实的故事。虽然因为影评者的不同，导致影评的角度不同，但无一例外，都只提到了故事的主角：张果果、王敏佳、陈鹏、沈光耀、吴岭澜。却没有人提到电影中另外一个篇幅不少的故事及人物：老师许伯常和他的妻子刘淑芬。

而我想讲的，就是这对夫妻。

刘淑芬和许伯常曾经相爱过，且刘淑芬曾倾其所有供许伯常上学。毕业后，许伯常却不想要刘淑芬了。这里，我不想讲许伯常是否渣男的故事，我只想讲，在既成事实的情况下：许伯常确实不爱刘淑芬了，也确实不想跟她结婚了的情况下，刘淑芬用逼迫、用舆论等手段，让许伯常最终娶了自己。

貌似，刘淑芬成功了——她达成了她想要的婚姻，她达成了与许伯常结婚的愿望。

但是，她真的成功了吗？

婚后的许伯常为了反抗这被逼迫而来的婚姻，他不与刘淑芬说话，他不用刘淑芬的杯子喝水，更不要谈夫妻之间该有的亲热了。许伯常用这种看不见的刀子，将表面上总是打骂他的刘淑芬割得鲜血淋漓。最后，刘淑芬在情绪无可发泄的情况下，将矛头指向了许伯常的学生，后来也因自己而害了这个学生，刘淑芬跳井自杀了。

还是那句话，现在我们先不来评价许伯常的人品，我们单纯地评价刘淑芬的执着，面对一个确实已经变了的感情，一颗已经不在了的心，她的执着，她的追求，到底是成功还是失败？

假如，她能认清斯人已变的事实，她能接受自己的付出不可能再有回报的事实，她能接受我的真心喂了狗的事实……那么，她在放弃许伯常的同时，其实也是拯救了自己。

那么，她短暂的爱情失败将成全她人生的成功。相反，她执着的追求自己想要的成功，其实追求的是失败：爱情与人生的双重失败。

是不是你想要的，问问你是否快乐

基于“想要”与“快乐”这两个词，有人跟我说：“我不喜欢我的工作，工作强度太大了，还要经常加班，所以我不快乐，更何况这份工作不是我想要的。但是，我得养家，我需要这份工作，所以，你让我怎么办？”

同样，也有学生会告诉我，学习是件让他觉得痛苦的事情，是不是就代表着他可以放弃学习，去追求心中想要的快乐？

那么我想说，你对快乐的理解并不彻底。

对于那位不喜欢工作却要养家的上班族来说，或许，你辛苦工作的时候、你熬夜加班的时候，你是不快乐的，甚至是痛苦的。但是，当你把你熬夜加班的工作完美地完成的时候，当你的工资卡又收到当月的工资的时候，当你用你的辛劳所得，给亲人子女带去礼物的时候……你都是快乐的。这份工作让你痛苦的是工作的当时，但它却给你带来了其他的快乐，所以，你不能把你的不快乐都归咎于工作本身。

同理，学习也是一样。当你通过努力获得提升时，当你考到理想的学校时，你都是快乐的。当然，也有很努力却依然得不到他们想要的成绩的那么一小部分人，这一小部分人就是俗称的“不是读书的那块料”。假如，很不幸，你的孩子就是那个不是读书的料，那么，作为家长，在给他提供基本的教育之后，就不要逼着他考什么好大学了，早早地替孩子做点打算，比如上个技术学校学门技术，就是古时常说的学门手艺为妙。

对于这部分孩子，考大学这件事，确实是件为难了他们也让他们痛苦的事。放弃考大学不代表就放弃了他们的将来，他们一样可以通过其他的渠道获得成功，从而获得自己想要的幸福。

综上所述，我们可以看出，工作也好学习也罢，痛苦和快乐都是相对的，或者是短暂的。某时是痛苦的，某时是快乐的，轻易地说这个工作我不快乐，所以不是我想要并不正确。

但有一种情况，你确实需要问问你快不快乐，如果你的答案是你不快乐，那么，它绝对不是你想要的，趁早放弃为妙。

这种情况就关系到情感。

工作、学习，都不会伴随你每分每秒，即使老板把你当超人用，一天工作十八个小时，那也是有六个小时不工作的。但是情感，却伴随着你每分每秒，即使是你睡着了，它也会在梦里惊扰你。

所以，我今天想说的“是不是你想要的，问问你是否快乐”，其实指的是情感。这篇文章可能会有点长，请你耐心看下去。

情感会发生在亲人、朋友与两性之间。

虽然让你痛苦的情感也能发生在亲人和朋友之间，但能折磨你每分每秒的痛苦情感，百分之九十九发生在两性之间，所以，这篇文章我集中讲爱情是不是你想要的，问问你是否快乐。

我们每个人总以为自己最了解自己，其实，往往很多时候，自己并不了解自己，或者说，自己喜欢为难自己。

比如电影《无问西东》中的刘淑芬。

刘淑芬爱着许伯常，所以，她以为她想要的是与许伯常的婚姻，她想要许伯常这个人做自己的丈夫。但是，她快乐吗？看过这部电影的人应该都知道，从头到尾，在这段婚姻之中，她没获得一点点快乐。

为什么她不结束这段婚姻？

因为她没弄明白自己到底想要什么，或者，即使她明白自己想要什么，她也用为难了别人的方式来为难了自己。

基于“人究竟想要什么”这个问题，我觉得我有必要多说几句：

从一个大的方面讲，根据马斯洛的需要层次理论，人的需要从低到高可以分为“生理需要”“安全的需要”“归属和爱的需要”“尊严的需要”和“自我实现的需要”。好比一个金字塔，最底下一层是温饱，如果连温饱都没解决，就很难再去讨论那些更为遥远的事情。人在解决了温饱后，就会想到给自己的窗上钉一个栏杆，要搬到一个保卫更严密的小区里，这是安全的需要。在安全的需要上面的层次是爱和归属的需要，到第四层的时候就是我们对于尊严的感知了，第五层是自我实现，要体现出自我的价值，充满创造性。

从小的方面讲，就是我们个体实实在在的需求现在正处于上面哪个层次，你的这个需求是否给你带来了快乐。

比如，我们来看看刘淑芬到底想要什么？

从电影的回忆中我们知道，刘淑芬和许伯常是曾经有过爱情的，且许伯常上学的钱是刘淑芬提供的。在这种情况下，刘淑芬及所有认识她的人都认为，与许伯常结婚就是刘淑芬最幸福的事，所以，刘淑芬才想要这份婚姻。

但是，包括刘淑芬在内的所有人都错了，刘淑芬真正想要的不是婚姻这个表象，而是许伯常给她的爱！一般人误以为，婚姻就是爱的承诺。所以，当你给了我婚姻，就证明你是爱我的。但想法很美好，现实很残酷！

事实就是许伯常已经变了心，他不再爱刘淑芬了！

在没有爱的前提下，不管你用什么手段得来的婚姻，你都不会幸福，继而，你不会快乐。所以当你在一段情感中感觉不到快乐的时候，你应该让自己清醒过来——啊，这份情感已经变质了，它并不是我想要的。那么，你应该趁早抽身，从这份不快乐的情感里脱离出来。

比如《无问西东》中的刘淑芬，如果她能及时意识到这个问题，及早明白自己到底想要什么，从她不幸的婚姻中抽身而出，也许就不会有后面更加不幸的故事。

但也许刘淑芬是明白自己想要什么的，她还是没从她不幸的婚姻中抽身而出，那或许就是刘淑芬想让许伯常也不好过了。

从电影中给的铺垫推断，刘淑芬在舍不得吃舍不得喝的情况下，把攒下的每一分钱都用来供许伯常读书了，然后，学业有成的许伯常却回过头来说："我变心了，我不想娶你了。"这事儿，搁谁身上谁都会接受不了吧。

刘淑芬及刘淑芬周边的人都接受不了这一现实，也是正常的，但在短暂的震惊、痛苦、失望、失落等负面情绪打击之后，我们还是得学会接受现实——那个我想要的爱情，没有了！

要说情感，是件非常玄妙的事情，还是那个人，他对待你不同的态度能决定你的幸福及快乐。

已经没有爱了的许伯常自然不会再对刘淑芬好，那么，此时的刘淑芬如果在明白这个道理的情况下，还要与许伯常结婚，不外是两个原因：

第一，不肯放过许伯常——我的青春，我的爱情，我的金钱，全都在你一句话之后，付之东流，世上哪有这么便宜的事——归属和爱的需要。

第二，丢不起那个人——全世界认识我的人都知道，我的青春和爱情都给了那个叫刘伯常的人，如今他不娶我，让我有何脸面做人——尊严的需要。

于是，刘淑芬继续嫁给许伯常。

但是呀，刘淑芬恰恰忘了最关键的一个需要——自我实现的需要。许伯常或许因此就真的没有好过，没过上他自己想要的日子，但刘淑芬过上了吗？她也没过上了她想要的日子呀！

她除了痛苦什么也没得到！尤其是在这个过程中，她已经完全放弃了自我的价值。

这种不肯放过别人的情感，到底为难了谁？

我有时就想不明白，为什么有的人就是不肯放过自己？明明处在一段痛苦的感情中，却不肯放手？到底是执着还是面子？不管是哪种，难道它们能大过你的人生？人生短短几十年，浪费在这痛苦的情感上，值吗？

如果说刘淑芬或者是没弄明白自己想要什么从而与许伯常结婚，或者是因为不肯放过许伯常从而结婚，她的不快乐属于自己乐意。那么，有种宁愿坐在宝马里哭也不乐意在自行车上笑的姑娘就会说了：“我是个拜金主义者，我也明白，爱情与金钱兼得是件很难的事。我清楚地认识自己想要什么，所以，有没有爱情我并不介意，我只想要金钱，我看中的就是他的钱！那么，我嫁给一个有钱人，我肯定就能得到自己想要的快乐了吧！”

诚然，仅从她个人而言，她清楚地知道自己就是喜欢金钱，就是想嫁有钱人，至于那个有钱人在外面有多少女人，或者他是否身体健康外貌如何她都不考虑，那么她选择嫁给那个有钱人，也没什么错。

但世事往往就是那么不尽如人意。

能够嫁给这样一个有钱人的姑娘，往往，她们都很漂亮。如果她们不漂亮，又没有爱情，哪个有钱人会选她呢？

那么，漂亮的姑娘在成长的过程中会怎样呢？

不管她是拜金不拜金，有一点是肯定的，如果一个姑娘很漂亮，她的成长过程绝对不会寂寞，她的成长过程中也绝对少不了这姑娘真漂亮这样的夸奖。

嫁给金钱之后，这姑娘要如何面对没有其他人追捧的寂寞？这姑娘又要如何维护自己在家中的地位？对外，她是可以不在乎她嫁的男人外面有没有其他女人，但不代表其他女人不想取代她的位置。她要如何把自己的位置坐稳？对内，她要如何获得男人家庭成员的认可？比如公婆。既然你是冲着金钱去的，那么讨你老公家庭成员的认可是必不可少的一环，你要如何十年如一日地讨得他们对你的喜爱？

在你防着别人取代你的位置的时候，在你千方百计讨得别人对你喜欢的时候，在你深夜病重却无人关心疼爱的时候……你再问问自己，金钱，或许是有了，但是，你真的快乐吗？

假如，你真的既耐得住寂寞，又有足够的情商智商击退该击退的人，讨得该讨得人的喜欢，那么，这时才能说这个婚姻是你想要的吧。问问自己满足这些条件吗？

最后，我们再来讲讲爱情中的男女。

爱情是有真爱情和假爱情之分的。真爱情，自然让你幸福快乐，你们将来也会营造正常的婚姻生活。但如何分辨真爱情还是假爱情呢？

很简单，还是那句话，问问自己是否快乐。

真正的爱情会让你笃定，会让你安心，这个人晚归确实是因为工作，而不是因为有其他的问题；真正的爱情会让你快乐，Ta 不会让你为难，让你哭；真正的爱情他不会让你一再退让底线，让你变得没有尊严，乞求 Ta 哪怕给你一点关爱，真正的爱情会尊重你的底线，给你发自内心的关怀与爱护。

如果一段感情让你的眼泪多于欢乐，让你变得疑神疑鬼，患得患失，总是在想 Ta 到底爱不爱我，Ta 外面是不是还有别人，让你变得没有尊严的情况下，那么，你肯定遭遇了假爱情！离开吧！

你不必活成别人期待的模样

做以往不敢做的事，唱以往不敢唱的歌

最近看了一部韩剧《天空之城》。其实这部剧我没看完，只看了前4集，因为感觉太变态了（亲子关系绝对父权），为了高考不惜一切手段，让我看着难受，感觉变态，所以没继续追。

虽然中国普遍的亲子关系及对待高考的态度没有剧中那么极端，但也是五十步笑百步的事，我们对高考决定命运的想法绝不低于韩国人。《天空之城》中有一个比较重要的配角人物英才，非常能代表一些中国学子的想法及态度——英才是父母眼里的骄傲，考入了韩国令人向往、仰望及仰慕的某医科大学，其社会地位相当于中国的清华、北大。但是，转折来了，英才却没有去学校报到，而是给父母留下了一条信息：这是你们要的大学，我考上了。所以，现在我走了，我要去过自己的生活了……

故事后继的发展我就不在这里多说了，本来我也没看完。但是英才的做法，却代表了很多中国孩子的心态——我学习，甚至工作，都不是为自己而活，是为了父母而活的——父母替我选择培优学校，父母替我选择学习方向，父母替我选择专业，父母替我选择很多很多……于是，有很多貌似很优秀的孩子——他们读

了令人羡慕的名校，他们有着令人羡慕的高收入，他们有着让同龄人仰望的社会地位或名气，但是，他们不快乐！

他们甚至觉得人生有什么意义？人活着有什么意义？自己为什么会活着？等等，他们迷茫、失落、焦虑，甚至有轻生的想法。为什么会这样？

答案很简单，因为他们活的不是真的自己。换句话说，他们活的是表面上你看的那个假的他，而不是真实的那个他想成为的他。

英国著名儿童精神分析大师，唐纳德·伍兹·温尼科特（D. W. Winnicott）曾提出过“真自体”和“假自体”的理念。所谓“真自体”和“假自体”用温尼科特的话解释起来比较复杂难懂，如果用我自己理解的说法来解释的话，就是“真实的自我”和“我呈现给别人眼中的自我（潜意识）”。

常常，我们知道我们有时会戴着面具示人，这种不属于“假自体”。温尼科特提到的“假自体”，是作为当事人“我”都不知道自己一直在扮演某个角色，而误以为现在的“我”就是真的“我”。

比如我们绝大多数甚至是百分之百的正常人都想着有一天会成功，这个大众意义的成功就是有钱、有社会地位、有名气。但很多人在追求到他所追求的成功之后，却往往感到莫名的空虚，甚至觉得这个成功很假，想要摧毁他。那么这个想摧毁成功的成功者就是“假自体”，成功并不是真实的他想追求的，而只是在婴儿期，与抚养者的抚养关系中形成的。比如，我只有控制自己不哭，才有奶吃，比如只有我学会控制大小便，才会得到抚养者的爱抚等，于是“我”在潜意识中就形成了要做到一定的事才会活下去，或者，我要讨好别人才会活下去等。由于抚养者的不同，我们也会变成不同的“我”，而不是那个饿了就想吃，困了就想睡的我。这样的我长大后，常常弄不清哪个是真的我，哪个是假的我。

有那么一群看似活得非常好的人，他们在外人眼里读名校，有高收入，有好的伴侣，有好的家庭等，有着别人向往的一切时，他们却陷入了一种或者空虚，或者迷茫，或者抑郁，或者焦虑的情绪中。北大教授徐凯文给这种现象起了个通俗易懂的名字“空心病”。这里提到的“病”不是病理上的如肝病、心脏病这种病，而是一种说法，如“拖延症”“直男癌”等。造成我们得“空心病”的原因就是我们活的是“假自体”，而不是“真自体”。要究“假自体”的原因，则又要追溯到母婴关系，这不是一篇文章而是需要一本甚至几本书才能解决的问题。且我不是专业人士，就不在这里多说了，但我可以告诉你，当你觉得你拥有着正常的人生，却总是感觉活得没意思，又没有得抑郁症的时候，你应该得了“空心病”，即你一直活在别人期望的样子里，而不是活的真实的自我，你活的是“假自体”。

讲到这里，我想起了最近由网络红人 papi 酱引起的一些争论。

前不久，papi 酱在参加一档综艺节目时，与好友聊起了人生排序，在“父母、孩子、自己、伴侣”这些关系中，papi 酱的排序是这样的“自己 > 伴侣 > 孩子 > 父母”。

大概是因为 papi 酱把自己排在了最前面，所以才引起了一些争论，争论无外是这种排序太自私等。

其实我想说，papi 酱的这种把自己排在最前面的排法非常科学。papi 酱本人有没有学过心理学我不知道，但我只知道她这种排法从心理学角度来说是最正确的排法。

大众之所以认为这种把自己排在最前面的排法过于自私，是因为很多人对“自己”有一个天大的误会，他们误以为凡事只有先想着自己：比如只有一个苹果的时候，自己吃；比如父母、伴侣、孩子生病的时候，自己可以不关心不照顾等，就是把自己排在最前面。其实我想说，这不叫把自己排在最前面，这叫“自私”，叫“冷漠”。

我说的自己，是指真实的自己，是你在了解你自己真正的想法，明白自己想要的是什么的时候，把真实的自己放在第一位。

比如一位把伴侣和孩子放在第一位的女人，无形中，在家里她就扮演了保姆的角色——这是必然，因为她事事以伴侣和孩子为先，那么家庭的大小工作势必由她来完成，于是她就无形中充当了保姆的角色。当她某一天忙里忙外刚拖好地在做饭的时候，发现外面又被孩子弄得一团糟，而男人却只会在一旁刷手机时，她突然就爆发了，感觉自己在这个家没一点地位，一点都不受尊重，就是个侍候人的老妈子等。

而此时的男人和孩子往往还不明所以，这个女人是怎么了？谁招她惹她了？她每天不都是做这些事的吗，今天这是怎么了？

于是一场家庭战争不可避免地爆发了。

假如这个女人还是不明白自己想要的是什么，不把自己的想法排在第一位，在战争平息后，一切又会回到昨日。

只有当这个女人明白，我不要你们帮我做任何家务，是因为出于对你们的爱。我同时希望你们看到我的付出，并且理解我这种付出是出于对你们的爱。所以，你们也应该对我付出相当的关心和爱。

只有当她明白自己其实想要的是家人的关心与爱的时候，并且把这些要求放在第一位的时候，她才会有可能改变用付出来换回报的这种错误想法。而是改成直接用爱来换爱，用关心来换关心。当然，怎么直接用爱来换爱，用关心来换关心，这也是一个需要学习的课题，我会在后面几章里陆续提到。

而在这篇文章里，我想告诉大家，把谁放在第一位都不如把自己放在第一位。

把父母放第一位，你可能就成了传说中的“妈宝男、妈宝女”；把孩子放在第一位，你就成了“提款机”，而你可能培养出了一个“白眼狼”；把伴侣放第一位，你就把自己变成了“老妈子”，而他可能出了轨。

只有当你明白自己想要什么、想成为什么样的人后，把自己的这些想法放在第一位，你才可能成为那个真实的，不再觉得生活似乎有哪里不对劲的“假自体”。而你与其他人相处的关系也会变成健康的关系，继而你追求的幸福和快乐才会来到。

你那么懂事，别人自然不在意你的想法

有时我们总是觉得活着很累，大概是因为我们总是做些违心的事吧。比如明明内心有一百个不愿意，也笑着说：“好的，可以。”明明内心有一百个委屈，也笑着说：“没关系，不用在意。”明明内心有一百个想法，也笑着说：“我无所谓，你们随意。”

…………

这个从来不敢表达，几乎不敢说“不”的人是不是你？

这个委屈得要死，孤独得要死的人是不是你？

偶尔夜深人静的时候，尤其在刚刚受了委屈的时候，你也会想，为什么你会变成这样？或者，为什么事情会变成这样？以前大家不是都很喜欢我的吗？

可是亲爱的你，大家现在依然很喜欢你呀，大家只不过不再在意你的想法罢了？

为什么会这样？

因为你太懂事了呀！

你懂事地照顾了别人的情绪，你懂事地照顾了别人的想法，

你懂事地照顾了别人的委屈……当你做这一切都成为自然，当你周围的人都认为你照顾他们是一种自然时，你自己都不照顾自己的时候，别人自然也不会照顾你。

心理学中对这种人有一种称呼，叫“讨好型人格”。

讨好型人格形成的最根本原因在于：他们在原生家庭中没有得到过父母“无条件的爱”。

在他们还是婴幼儿的时候，父母对他们的爱都是有条件的，只有当他们满足父母的需求：比如不哭、好好吃饭等。只有他们表现出父母期望的样子时，他们才能得到父母的关爱和赞赏——夸奖他们是个乖宝宝、好孩子，给他们想要的食物、玩具或照顾。

当孩子违背父母的需求和期望的时候，就会被父母大肆地否定、批判，甚至是打骂。在这个时候因为对于幼儿而言父母无疑是他们心目中最大的权威，并且他们的生存与安全感是完全来自父母，所以他们会对此形成很大的心理阴影，为了逃避或不再受到这种被父母否定或打骂的痛苦，他们不得不隐藏起自己的真实需求和感受。在他们既没有迎合父母的期望也没有违背父母期望的时候，他们也很少能得到父母的关注和爱。一个幼儿是很难独自面对和承受自己的孤独感的，这个时候他就会刻意地想去做些什么来迎合父母的期望和需求，从而能够获得父母的关注和赞赏（此段文字来源网络）。

久而久之，这就形成了他的一种习惯，甚至他会逐渐把父母的需求“内化”为自己的需求，因为在他的认知里：满足了父母的需求就等于满足了自己的需求。

而这也成为他对今后所有亲密关系的认知蓝本：我是没有价值的，我是不值得被爱的，真实的我无法获得别人的认可和关注。只有当我不断地满足别人的需求和期望的时候，我才能获得别人的关注和爱。

如果说我们小时候在成长的过程中，因为父母没有给我们足够的关爱与照顾，以至于让我们在无形中变成了“讨好型人格”，是我们当时的年龄意识不到的，尚情有可原，那么，当你长大成人，当你意识到你的想法、你的情绪没人顾虑的时候，为什么你不去改变呢？

如果说幼儿去讨好父母从而获得爱与关注，其实是为了生存，那么一个有独立思想的成年人，继续维持自己的“讨好型人格”虽然有认知蓝本的原因，但更多时候其实是一种懒惰行为。

因为在他们的认知中，对于获得别人的认可与赞赏的途径，“讨好别人”是一种最简捷最易实施的方式。

他们的内在心态太过无力和空虚，他们从一开始就直接忽略了他们其实可以通过努力工作、做出成就、提升自己的能力等这些方式来得到别人的欣赏和认可，从这个层面上来讲他们是很懒惰且不求上进的，他们和那些幻想着通过买彩票发大财然后衣食无忧的人在本质上是没什么区别的。

在他们看来，“讨好”别人是获得别人认可的最容易的途径，你只需要多说几句好话，装出善良无害的样子别人就会认同你了，别人就会夸奖你了。

但是像这种廉价的认同与赞赏不过是用来填补他内心里一时的空虚和不安全感，因为廉价，所以来得容易，去得也容易。醉心于追逐这种廉价的认同和赞赏，只会令“讨好者”越来越依赖和沉迷于那种内心的空虚得到暂时满足的假象之中而无法自拔。

明明你在室友乱穿你都舍不得穿的新大衣时，心里痛得要命，却不敢对她说：“这件衣服是我攒了三个月的饭钱才买下来的，自己都舍不得穿，你要穿自己买去，穿我的干吗？”而是对她说：

“哦，你穿吧，我今天正好不穿，注意点别弄脏了。”为什么会这样，因为你这样说了后，你的室友可能会搂着你的脖子说：“宝宝你最好了，我就喜欢你这么大方。”然后还可能随手给你一个香吻，于是，你认为你得到了室友的认可和友谊，从而将这种相处模式继续维持下去。

这些行为，从表象上看是自己不敢拒绝，其实深究起来，是一种懒惰行为，是一种懒得去想如何满足自己的愿望（不借大衣给室友）的情况下，还要让室友喜欢你的方法的懒，毕竟这种既要拒绝她，又要让她不讨厌你的方法挺难想的。于是，你在潜意识里就告诉了自己，算了，让她穿吧。我委屈一下而已，但是从此就能得到她对我的喜欢啊！

真的是这样吗？

且不说你这样一味委屈自己，去讨好别人，是否能真的获得别人对你的喜欢（毕竟人心有两样，一种知道感恩，一种不知道），我们就算你这样做了后能讨得别人对你的喜欢，又怎样？

当你讨好他人的想法成为你固定的与他人相处模式后，他们从此以后会在乎你的想法吗？

这个工作没完成，周一必须得交，谁加班？让你来啊，因为你为了讨别人喜欢，你肯定不会拒绝的。你拒绝了，我就不喜欢你了呀！

家里的晚饭谁做？孩子谁带？生病的老人谁照顾？你来呀！因为你不这样做，你就不是一个好妻子好妈妈好女儿，我就不喜欢你了！

这次旅游去爬山吧？你的脚有问题，爬不了山？可是谁在乎，你肯定会同意的，大不了你在山脚下等，不上山就是。

今天晚上去吃麻辣烫吧？你的胃不太好，吃不了刺激食物？可是谁在乎，大不了你不吃啥，在一旁喝点饮料……

当你的“讨好行为”已经成为一种习惯，成为你人格模式的一种。不仅仅你会否定自己的想法与意志，别人也会否定你的想法与意志。

这一点其实是大多数人的心理或认知问题很难被改变的最深层次的原因。

因为在我们的意识层面，是我们的行为习惯、我们的思维习惯、我们的认知习惯等构建成了我们的人格模式。我们的人格模式一旦形成就会变得十分的稳固，因为人格模式将我们的各种习惯和行为等全部联系并且杂糅在了一起。在我们的认知层面中，我们即便只是想改变人格模式中一个非常小的点，那感觉起来却是我们要将自己全盘否定，我们要将自己的整个人格模式全部改变。

但是我们要意识到，这种自我认知只是我们意识层面对自己的一个固化的定义，实际上并不存在一个固定的“自我”，也不存在你改变了身上的某个习惯某个点你就不是你了这回事。

固化的自我认知只是为了维持我们的情绪、思维、意识等保持在一个稳固的、不会轻易崩溃的状态中，意识到了这一点你就能明白，坚持固化的自我认知实际上是对自我的限制，同时我们也完全可以改变我们身上的任何方面，这并不会影响我们“是谁”。

我们可以试着改变自己，试着拒绝别人的要求，试着说出自己的想法，试着告诉别人我现在不高兴……

只有当你试着表达自己的时候，别人才会在乎你的感受。人都有趋利避害的本性，当你那么懂事、什么都以他人为重的时候，他人即使意识到了你可能受的委屈，但抱着你反正不会介意、不会怪罪的想法，从而去满足自己的私心。

所以，委屈也好，不开心也好，都是因为你太懂事了。

因为不敢要，所以别人不知道

这个话题其实是上个话题的延续。

当我们意识到自己的很多委屈与难过是来自自己的不敢拒绝、不敢表达时，我们会尝试着先从学会说“不”开始。

“不可以，这件衣服是我自己花钱买的，我都舍不得穿。”

“不可以，我自己的这份工作都还没做完，没时间帮你做。”

“不可以，我们同样上了一天的班，晚饭既然是我做的，一会儿我还要照顾小妹写作业，那今天的碗你来洗吧。”

…………

当你慢慢学会拒绝的时候，我们该学着表达自己的欲望了。

人们容易对“欲望”这个词形成一个负面认识，总觉得有欲望不是什么好事，你看德高望重的前人总喜欢告诉我们要无欲无求才好。

无欲无求固然好，但这是有一个前提的，是你曾经得到过。当你得到过，拥有过，才会知道那些是不是自己想要的，自己是否可以不要。

但对一个从来没有得到过父母认可的孩子来说，能够得到父母的夸赞与认可就是他最大的欲望。

当一个在家里从来没什么话语权的妻子，让丈夫知道她的想法同意她的决定，就是她最大的欲望。

欲望，不是什么负面词汇，它其实表达的是想要。

我想要在这次考试中得第一；我想要得到经理的表扬；我想要一个完整的没人打扰的周末；我想要去看大海而不是爬山……这些都是欲望。

上一次，我的一个女同事跟我说：“唉，我老公前几天刚从日本旅游回来，居然一个化妆品都没给我带，只给我带了一个包。

他不知道我对包没什么要求，有几个换着背就行了，但我一直喜欢日本的化妆品，他完全是一点都不懂我！我还不能说他，好歹人家也给我带礼物了，说起来，那包一万多，可以买好多化妆品了。”然后话锋一转，道，“还是你老公好，我记得上次你老公去迪拜，回来给你带了不少化妆品是吧？”

我笑着说：“那是他出国前我跟他说的。为了让他不买错，我还把我要买的化妆品都发了图片给他，让他照着买。”

“你直接跟他要的呀！”同事表现得很惊讶。

“是呀，如果你不说，他怎么会知道你想要什么呢？”

在两性相处中，我们，尤其是女人，总认为对方如果爱我，就应该知道我喜欢什么，我想要什么，我不说你也应该知道的想法。但是，没有人是你肚子里的蛔虫，你不说，没人会知道你想要什么。

如果说，两性相处中是因为误认为对方知道，从而不说。那么，在其他的情况下不说，则是因为自己的胆怯、懦弱了。

比如工作中，明明是你的努力、你的策划，这份工作才取得这样的成绩。当上级因此想给工作人员一个进修或提拔的机会时，你的小领导、前辈、同事们肯定也是想要这个机会的，这个时候，你敢争取这个机会吗？

虽然说，争取了不一定争取得到，但有没有去争取和争取了没得到是完全不同的概念。你敢表达吗？

你会不会因为想着：我的上司也想要这个进修机会，我如果要了他会不会给我小鞋穿？

或者，同事 A 据说是大领导太太的表妹的二侄子，他想要这个机会好久了，如果我要了，他会不会告我的黑状？

更或者：我有这个能力吗？如果让我去进修，回来后没学到什么东西，领导们会怎么看我？

…………

等你有了以上的这些想法后，当大领导说把这次进修或提拔的机会给了你们，让你们自己先报名的时候，你大概连名都不敢报了吧？

还是那句话，趋利避害是人的本性。你不说，别人不会知道；你不要，别人自然也不会主动给。不管你是出于什么原因，当你不表达的时候，就不要埋怨这个社会怎么不对你有所偏爱。

这社会或许偶尔会刻意偏爱某个人，但它并不会刻意去刻薄你，之所以造成你现在不满的现状，很多时候，是因为你自己不去说，不去要。

当然，讲道理总是比实际操作简单。

拒绝与表达，听起来好像很容易懂，但想要真正做到却很难。相对而言，一个不会表达自己想要的人要改变自己的习惯，要比学会拒绝更难。如果追根溯源，你是如何成为现在这个不敢要的自己，那还是要追到母婴时代，你是被抚养者如何对待的。可能在那个时候你就发现，如果我做一个安静的婴儿，一个会笑的孩子，比如《狗十三》里的李玩……会得到更多的爱与照顾，你会慢慢学着隐藏自己真实的想法，而去迎合抚养者。当这种思维模式一旦形成，成人后想要改变必定是件困难的事。

但可喜的是，你不是那种明明已经往西了，却不知道自己想要往东的人，你已经意识到哪里不对，你也意识到了你的表象下掩藏着真实的自己。那么，我们不必去了解心理学那些难懂的名词是如何定义你的母婴关系，我们只需要知道自己认识到现在的状态有些不对劲，我们只需要你试着做回真实的自己，试着学会表达真实的自我吧！

该沟通的沟通，该表达的表达，不做情感绑架

既然又说到了《狗十三》，说到了表达，那么我想说，在我

们中国目前的家庭关系里，绝大多数的抚养者与孩子之间，表达爱的方式不是很健康，沟通方式不是很正确。很多时候抚养者都采用了“控制、要求、灌输，甚至情感绑架等不好的表达或沟通方式”。

“现在不能出去玩，你作业还没写完；现在不能看电视，你刚玩了一个小时的游戏……”这些是控制，很好理解。

同样，要求也很好理解，“你做完作业才能看电视；你今天必须把碗给洗了才能玩玩具等”。

而“太阳是红色的，小草是绿色的；出门要穿衣服，走路要穿鞋子；哥哥要让着妹妹，对人要有礼貌……”这些是灌输。

而对情感绑架一词却不太理解也不愿意承认：“虽然我承认你前面说的控制、要求、灌输等确实存在我与孩子、家人之间，我今后也努力做到平等地去沟通表达，但对于‘情感绑架’一词我不太认可。从字面意思上来理解，‘情感绑架’应该就是在情感上施暴，语言上威胁吧？我不认为我在与孩子和家人之间使用过这些。”

那么，

“我这么做都是为你好。”

“你这孩子怎么这么不懂事？”

“我错了行了吧。”

“我累死累活还不是为了这个家。”

…………

这些话你说过没有？

情感绑架这种事多发生在父母、兄弟、情侣、夫妻、朋友、合伙人等这种亲密关系中。情感绑架是一种隐秘的、不易被人察觉的控制。

而情感绑架这种事不管是绑架者还是被绑架者，都很不容易察觉。绑架者自己往往不知道，或不认为自己在对被绑架者进行绑架；同样，被绑架者也很难意识到自己被绑架了。

但这种沟通方式的影响却是严重的，它对我们的情感进行控制、施压，让我们变得压抑、没有自尊、失去正常应有的处理事件能力。

还是以《狗十三》中的故事为例：当小狗丢失后，李玩在经过了生气、寻找、发泄等过程后，李玩的抚养者潜意识中认为“生气、寻找、发泄等”行为，已经对小狗丢失这件事，在李玩的精神处做了补偿，那么，李玩就此应该打住了。因为这件事了结了——小狗丢失，你生气、寻找、发泄过了，于是这件事就此可以画上句号了。可是李玩偏不，她想要的其实不是“生气、寻找、发泄等”，她想要的是爷爷（弄丢小狗的人）的道歉，或者哪怕是解释：“弄丢小狗确实是我不对，但我和你爸爸已经找过了，实在是找不着……”

如果说，在面对小狗丢失这件事上，李玩的抚养者一开始就采取了正确的、而不是用回避错误的方式来与李玩沟通，相信李玩在一时的失意、沮丧等情绪后，很快也能接受小狗确实丢了，找不回来了这一事实。

而事实上恰恰相反，没有人对这件事承担责任，小狗丢了是因为爷爷一时大意（所以爷爷不是故意的，这个错不在爷爷）而现在我们也陪你找了，你脾气该发也发了，为什么还不结束？为什么还不依不饶，以至于奶奶差点走丢了？

于是，一句“你怎么这么不懂事？”让这些责任都变成“受害者”李玩的了。你要是懂事，你应该安安静静地接受爷爷把你的爱狗弄丢了这件事，你要是懂事，你应该主动安慰爷爷：“小狗丢了没什么，再买一只就是了……”

多么自私的想法，多么可怕的表达。

从电影中我们可以看到，不管是爷爷奶奶，还是爸爸对李玩都是真切地爱着的，这正如我们大多数的父母一样。但是，我们往往只知道自己爱着孩子，却不知道自己也在伤害孩子。

其实很多矛盾本来不足以成为矛盾，却因为我们不会正确沟通或表达而造成的。

比如情侣之间，女孩希望男孩多陪陪自己，而男孩要去加班。在这种情况下，女孩正确的表达方式应该是："亲爱的，你都连续加三个星期的班了，再不陪我去看《流浪地球》它可能就下线了。"

而往往有些女孩为了显示或者是测试自己在男孩心目中的地位，会这样说："你已经连续加三个星期的班了，我不管，你今天得陪我去看《流浪地球》，否则我们就分手。"

你看，如果你是女孩，你在跟男友或老公相处的过程中是不是经常这样说话？

你说这个话的目的，是为了让他陪你，而你表达的则是威胁："如果你今天不陪我，我们就分手。"哪种说话方式更让听话者有压力？

同样地，针对男孩要加班而不能陪女友这件事，男孩的正确表达方式应该是这样："亲爱的，收到我送给你的玫瑰（包、口红等其他礼物均可）了吗？实在对不起，今天我又要加班，不能陪你去看《流浪地球》了，今天让玫瑰花暂时替我陪下你好不好，明天我一定陪你看《流浪地球》。"

我相信，男孩在这样说了后，但凡明点事理的女孩都不会继续纠缠了。

但有的男孩往往不这样说，而是："我不加班能保住工作吗？没有工作，拿什么谈将来？我加班还不是为了我们，你怎么就不理解呢？"

而这就显然是情感绑架的表达方式了。因为为了达到自己加班、女友还不闹腾的目的，男孩给女孩扣上了“如果你不同意我加班,就是自私,就是不明事理”的帽子。这真是让人心里添堵哇!

所以，要想一段关系保持健康、快乐，不仅仅是有钱、有爱就行的。一段长久而持续的亲密关系，一定是平等而尊重的，不会因为对方是自己的孩子，而去控制压抑他真实的表达，也不会因为对方爱自己，而让对方无条件为自己让步。

那么，如何判断你们之间的沟通或表达是正确、健康的而非情感绑架呢?

情感绑架有一个很重要的标志：如果你（或对方）为了达到某一目的而忽略了对方（你）的感受，就是情感绑架。

那么，你就要注意了，你们的关系会进入一个压抑的关系中，这种压抑持续久了将会造成你们关系的崩盘。

那么，当你有要求、有目的的时候，你应该如何正确地表达出来呢？可以试试下面的方法：

开诚布公地讨论彼此的冲突点（如小狗丢失、不能陪女友等）。

理解对方的感受和考虑（小狗丢了，你肯定很难过；我不能陪你看电影，你肯定很失望）。

找出你不答应他们要求的原因（狗狗会跑，而城市太大，我真的找不着了；我今天不加班可能就保不住这份工作）。

不推卸自己在造成冲突过程中的责任（这个就不解释了）。

事实上在情感绑架中，是不是作为主动的一方，即情感绑架者——你忽略了对方的感受，但达到了你的目的。从而你自己就好过了呢？一般情况下，并不会。因为只要你还是在乎对方的（当你不在乎对方，你也会不在乎你们之间的关系是否健康正常，这就没有讨论的必要了），你会马上感觉到对方的情绪反馈——对方不开心了，甚至对方生气了。那么，在这种情况下，你也很难做到真正的开心。

所以，很多时候，我们的不开心也许并不是来自外界，而是来自你自己——是你错误的表达方式，让你们的关系进入了一段压抑的关系中，从而造成了你的不开心。

那么，当你看了这篇文章后，当你学会判断自己的表达是否正确的时候，我相信，只要你肯改变你的表达沟通方式，很多关系问题将不再是问题。同理，当你判断出对方的表达方式有问题的时候，你也应该用正确的表达方式指出来，以改进你们的关系。

第二辑

先学会爱人，才能真正爱自己

接纳自己的不完美

与其在意自己缺少的，不如正视自己拥有的

要说一个人想要弄明白自己想要什么，从道理上来说应该是件非常简单的事——这世上有谁能比你自己更了解自己，有谁能猜到你此时此刻在想什么呢？

只是，虽然别人肯定猜不到你在想什么，但你，也并不一定是最了解自己的那一个。

打个简单的比方来说，你知道你自己长什么模样吗？

你不知道。

你以为你的模样，只是你从镜子里、照片里或其他任何可以反光的东西里看到的模样。这些模样都是通过别的物体反馈给你的模样，而我相信这世上没有任何一个人可以用眼睛直接看到自己的模样。它与其他物品反馈给我们的模样是有差距的，比如我家卫生间镜子里照出来的我，感觉着比我实际年龄应该小四五岁，人也看着挺漂亮的。而写字楼卫生间的镜子照出来的我，又丑又老，感觉比我实际年龄起码老四五岁。所以，你能如实判断这两个你哪个是别人眼中看到的你，也即真实的你吗？

你判断不了。

相信作为长相普通的我们，在成长的过程中肯定也有被人夸“你很漂亮”的时候。同样，你也看到过自己的丑照，在删除丑照之前内心肯定一片荒凉：天哪，我真的长得这么丑吗？如此，在别人眼中，你到底是漂亮的那一拨还是丑的那一拨，你真的知道吗？

你很容易就能给你的同事长相打个分，甚至她是 72 分，她是 71.5 分这种细小的差别你都能在心里做个判断。然而，你能知道以那个 72 分的女同事为参考，给自己打多少分吗？

你不知道！

因为你的眼睛看不到真实的你！

你不知道你到底是比她丑一点还是漂亮一点，而且丑与美也不仅仅是以五官做判断的，比如气质、走路姿势等，都是判断因素。有些女人五官看上去很美，但就是给人的整体感觉不漂亮，还有的人哪儿哪儿都漂亮，但就是走路躬肩驼背的让美感值大打折扣，这些你都能明明白白地看到，但唯独你看不到自己的，所以你没办法以你同事为参考而给自己的长相打分。

这是件挺有意思的事儿，我有时觉得人活着就挺哲学的。作为女人，我们无形中就会评价这个女人好看还是那个女人比她更好看，但是你就是不知道你自己到底在哪条水平线上，这真的是件挺有意思的事儿。

好了，扯远了。说了这么多，我想说，人对于自己的了解同样也存在这个问题。只是相对于自己看见自己这件完全没办法做到的事情来说，自己了解自己，通过学习，通过思考还是能做到的。当然，就算你不能做到，或者你判断不了哪个才是真实的你也不重要，我们只要学会尊重自己就好了。

如何做到尊重自己呢？

简单一句话，不妄自菲薄，接纳自己就好了。

某天，我的一个刚刚被提拔为副主编不久的编辑朋友，在我们只有几个好友的小群里发了一句感慨：唉，我觉得我活得太累了。早知道当个副主编这么累，我就不当了，又要抓业绩又要抢业务，还要上下平衡关系，真是太累了。你们不知道，我有个下属，与我一起进公司的，业务能力应该比我强一点吧。这次副主编的位置空出来的时候，她满心以为自己会顶上。没想到老总直接提名了我。所以现在她超难搞，处处与我做对，你们说我是不是太差劲了，连这点事儿都搞不定？

然后又说了一大堆这个下属如何难搞的事儿，最后，说了这么一句话：我的个性缺乏攻击性，所以遇到事总是慢半拍，很少把人往坏的地方想。真羡慕王颖，平时总是吊吊的样子，如果是你，肯定不怕得罪她（难搞的下属），我是不是太软弱了？

我笑：千万别像我，像我这种充满了攻击性的人，其实是从小没被肯定过的孩子，总是被打压。而你柔和的性格，这也正说明了你从小是被爱着长大的。

其实，职场中的女强人，你反观她的成长过程，基本都是小时候被忽略、被打压的那一类人。

朋友又说，可是在职场中，像我这种性格是不是很吃亏？然后继续说还是喜欢我那种强硬的性格。

我告诉她，凡事都是有利有弊，性子太软的领导，在某些时候可能是压不住个别刺头下属。但有那么多与她同时进公司能力也不差的同事，领导不提拔他们为什么提拔你呢？你都说你的能力并不如你的那个难搞下属，领导还提拔了你当副主编，难道领导瞎吗？

领导肯定不瞎，也许领导考虑过，单纯从业务能力来说，她比你还强几分。但是作为一个副主编，一个小领导，除了要有业务能力外，还要有一定的领导能力和凝聚力。那个比较难搞的下属，与其他同事之间是不是相处得不太好，相反，同事们都很喜欢你呢？

在职场中，性格硬有硬的好处，软有软的好处，我们好好利用自己的长处就好，不要急于羡慕别人，而把自己批评得一无是处。要知道，我曾经也非常羡慕她呢，因为她的好性格，喜欢她的人特别多，而因为我的攻击型性格，造成喜欢我的人特别少，相反，不喜欢我的人特别多。

说到这里，我也曾经因为没有朋友，曾经因为很难讨得别人的喜欢很是自卑过，这也是我去学习心理学、教育学的原因。

在学习的过程中，我知道了我为什么形成了这样的性格，我也有努力去改（当然，这个改是理智上的，就是清楚地知道自己要改，但在现实中，你已经形成的性格无形中总是会显露出来。所谓，江山易改本性难移，这是个漫长且艰苦的过程），虽然成效不是特别大，但是我终于不再自卑、不再讨厌自己了。

以前的我总是觉得自己活得很失败，没有人喜欢，所以除了自卑，我还讨厌自己。但现在不一样了，当我明白已入中年的我很难再把自己的性格变成讨人喜欢的那种性格后，我接受了这样不完美的自己。你不喜欢我？好，无所谓，我们不做朋友就是了。你讨厌我？好，无所谓，我也不去喜欢你就好了。我说话经常得罪人？好，无所谓，我少说话就是了。

这不是逃避，相反，这正是我的对策。因为我说过，我有努力在改，但有些东西不是努力就能做到的，所谓知易行难。当你努力之后还做不到的事情，那就不要自己跟自己较劲了，我们换个角度看世界不好吗？

我告诉我的主编朋友，你没必要羡慕我那种活得吊吊的样子，你也不必羡慕我不怕被人不喜欢的样子，那不过是自己保护自己的壳。因为，你没被别人讨厌过，体会不到那种总是不被人喜欢的痛。做你自己就挺好的，我不去羡慕你走哪儿都被人喜欢，你也不必羡慕我的“吊”。

每一个错误，都是通往成长的车票

尽管前面一篇文章说到了，我接受了总是不被人喜欢的自己，但不代表我不需要被人喜欢，不代表我不需要朋友。而我最近好像又得罪了一个朋友。都是成年人，甚至是老成年人了，我若是得罪了人，对方肯定不会直接告诉我，尤其是我们曾经是朋友，但从她对我的渐渐疏远，我感觉得到——一个从小总是被人疏远的人，对这太敏感了。

她不说，我就不方便问，问也问不出个结果。比如：“某某，我发现最近约你出来你总是没空，是不是哪个地方我做得不对？如果我做得不对跟你道个歉，你知道的，我说话不经大脑，经常说错话还不自知。”

她一般会回答你：“哪有，你想多了，我只是最近太忙了。”

你看，你问不出来的。于是，我也就不问了。但不问不代表我不反思，一个不会反思的人是社会欠缺型人格，这种人是有人格问题的。他们会活得任性而张狂，无视规则与道德。

比如前段时间出的一则新闻，事件地点我忘了。

一位即将毕业的博士，在开车进收费站的时候，因为没让一辆车插队，被那个没插成队的小车司机一顿拳打脚踢，导致半身不遂。

这件事的发生，除了让人震惊、惋惜之外，更多的是不可思议。

仅仅是没让你插队，你就打人？

打就打吧，给两巴掌就算了，你能把人打瘫痪了，这得是多大的仇多大的怨呀？

谁给你这么大的胆？

很多人由这起事件会联想起多年前发生的“我爸是李刚”事件。这起打人事件没有后继报道，打人者是不是有高职位的父亲可以倚，不知道。但我知道，他之所以如此无法无天就是人格缺失的原因造成的，他不会反思。为什么不会反思是人格缺失，这是另外一个话题，我们这里不多说了。我插进这么一个小插曲，是想说明，一个心理健康的社会人，都具备基本的反思性。

所以，我会反思，而且，随着我接纳自己的程度越高，我就越会反思。这个不是想强调我有多高尚，似乎人们对于擅长反思的人总是高看一眼，觉得多高尚。诚然，会反思的人比不会反思的人要高尚那么一点。

反思是件好事，它会让人认识到自己的错误，从而改变、纠正、成长。所以犯错误也就没有什么可怕的了，因为有错误你才会反思，你反思了，才会纠正、成长。但有些人却总对自己犯的错误念念不忘，然后呢？然后除了或抱怨或后悔，就没了。

比如，“你当初怎么不拉着点我呀，对方说我没素质没文化，我一听火就上来了才去打他的，可是你要是拉着点我就不会出那么大的事了，还闹到了派出所，多难看”。这种人，是抱怨型的。

“唉，你说当初我怎么就不能克制下自己呢，他骂就让他骂，我忍下就好了嘛，又不会少块肉。这倒好，事情弄到了派出所，单位的同事会怎么看我，我男朋友会怎么看我。唉，我怎么就这么冲动呢？”车轱辘话她会说上一遍又一遍，这是后悔型的。

当然，还有自怨自艾型的，就是那种我怎么这么没用，这种事儿都处理不好，还跟人动上手了，吧啦吧啦的。

不管是哪种类型，错误，人人都会犯，从来没犯过错误的绝对不是人类。你不摔跤还学不会走路呢，可是，作为一个不到一岁的婴儿，你尚且知道，我摔倒了，爬起来重走就是，顺便看下我为什么摔倒，哦，这里有个小坎绊了我一下，所以我摔倒了。好，我等会儿走这里时绕过去。于是，从这个错误中，学走路的小婴儿学会了路遇不平不用一声吼，绕道走就成。他们可从来不会说："你当初怎么不提醒我那儿有个坎啊，你提醒我一下我就不会摔倒了。"或者"唉，你说我当初怎么就没看到那里有个坎呢？我要是先绕过去就不会摔倒了呀"。

婴儿时的我们尚且知道犯了错误要找到错误的原因，然后修正、成长，为什么成年后的我们在面对错误的时候，要么害怕犯错，要么抱怨、后悔呢？

虽说犯错不可怕，但是不同的年龄段，对待犯错这件事，也要有不同的看法。比如我建议二十五岁以上的中青年要尽量做到少犯错，凡事先思考后再行动，减少犯错概率。而二十五岁以下青少年在不违反法律和道德的情况下（杀人放火为犯法，祸害人家闺女又不负责任有违道德），不妨多犯些小错。我这一想法居然与被称作日本第一东洋思想家田口佳史说过的一段话颇有几分相似，田口佳史说：

十到二十岁以前要多锻炼体能。因为体能是一切的基础，所以不论参加社团活动或任何其他活动都好，都要找机会运动。另外，努力准备升学考试，也是锻炼身心的好机会。

二十到三十岁以前不妨多与人争吵。他的解释是：二十岁以前如果培养好体力，就具备与人冲撞的能量。而且，即使稍微莽撞，二十多岁的争吵，只要赔个不是就可以收场，不至于酿成大祸。就算偶尔使用暴力，尽情地去吵架也无妨。

三十到四十岁重要的是学习与人和睦相处……

我分得没有田口佳史细致，但大的思想内容也差不多。所以错误不可怕，只看要你现在处在什么年龄段，如果尚年轻，犯了错，思量一下就过去拉倒。而作为犯错者的亲人好友，也尽量不要去埋怨、指责。帮助他更好地度过自责期，然后抬起头来向前走。

如果到一定年龄了，就要深刻反思一下为什么会犯错，今后该怎么做。只要不是致命的、不可挽回的错误，当错误发生后，我们自己要做的不是抱怨和后悔，而是应该向婴儿学习，找到犯错误的原因，然后修正，前进。

承认错误的意义在于避免错误。如果我们还没做好认错的思想准备，那就必须做好一错再错的准备。

犯错是一种常态，不值得纠结，关键是要在错误中学会反省和总结。每一个错误即是我们通往成长的车票，也是我们不同于他人的特殊人生经历。

我们每个人都是时间的过客，也是生命的过客，总有一天我们会发现，人生无所谓得与失，也没那么严格的对与错。无论发生什么，遇到什么，我们都要去接受去经历就好，因为那是我们独一无二的人生。

黑夜，给了我黑色的眼睛

今天刷手机，刷到了这样一篇文章，感触良多。

文章中写了一位“过气网红”（作者原话）叫“大喜哥”，不知道你们有没有听说过。

“大喜哥”走入人们的视线是缘于2012年冬天的一场大火，记者赶到现场报道的时候，发现了一个穿着粉色衣裙，扎着两条辫子，浓妆艳抹的男人。文章里配了图，记者的描述确实一点也没夸张，图片的视觉冲击力比文字描述还要大得多。大概因为这个原因，于是，“大喜哥”“火了”。

但这篇文章显然不是只介绍下“大喜哥”是怎么火的，重点是“大喜哥”拾荒二十年还了十八万元外债的事。

“大喜哥”经历了幼年被亲生父母遗弃，中年女儿因车祸去世，妻子精神失常失踪，再被人骗去房产等一系列人生重大打击后，还欠下了替养母看病借的十八万元外债。在这种情况下，为了寻找童年的温暖，“大喜哥”才穿上了花棉袄高跟鞋，因为这样让他想起小时候，养母给他梳辫子的温柔。其实，在遭受那么多打击，失去所有亲人及丧失生存下去的勇气后，“大喜哥”的这一决定是很好的伤痛转移，但看在世人眼里，他却是“妖孽”“奇葩”等。

让我感触良多的不仅是他的不幸，也不是他的奇怪打扮，甚至不只是他为了不欠人一针一线硬是用二十年时间还完了那十八万的巨债，而是因他的“奇装异服”失去工作（没人肯雇用他），失去住所（不肯租给他，被房东赶了出来）后，他说的一段话：“我穿了二十多年的女装，从来没有犯过法，也从来没有害过人。”言外之意，为什么我这样一个从没犯过法害过人的人，仅仅因为喜欢穿女装，你们就这样对我？

是呀，或许，他的打扮确实不符合大众审美，但他确实从未犯过法，害过人，还非常有信义，否则就不会靠拾荒去还那十八万元的巨债了。而这样一个经历了不幸，依然自立自强的人，世人为什么仅仅因为他的穿着打扮就嘲笑他、打击他，甚至不给他工作来变相剥夺他生存的权利？这又是为什么？

有时候，我觉得世人对于那些迥异于众人的人过于苛责，甚至充满恶意。比如大龄不婚者，就是嫁不出去的老姑娘。比如婚而不育的丁克家庭，就是自私自利只想自己快活……

包括埃航失事，网友对其中一个二十一岁的姑娘的言论，已经不能简单用恶意来评价了。

为什么会这样？

仅仅因为人家姑娘坐那趟飞机是想去非洲看长颈鹿吗？

顾城说，黑夜给了我黑色的眼睛，我用它来寻找光明。

为什么有些人的眼睛却总是看到黑暗？

当我们对这个社会抱以恶意的时候，其实是对自己抱以恶意，是对自己的不接受。

因为自己不敢直面自己的渴望，比如异装，比如为了看长颈鹿的小理想就飞去非洲。

他们也不敢直面自己的无能，比如想去非洲看长颈鹿却没钱也没能力赚到钱的事实……

这个世界，不会因为你骂他、打他、痛恨他就会消散你的恐惧和无能。与其在网上发泄那些无知和那些连自己都恶心的言论，不如好好审视一下自己，想想自己还有哪些地方可以进步。想一想自己想要过什么的生活，如果要过这样的生活，需要什么样的物质条件，为了达到这个物质条件，又该做出什么样的努力与付出，这样岂不更好？

精神丰富的人都在努力，只有精神空洞的人才会靠咒骂来满足自己那不可名状的成就感。这样的人，其实内心胆小懦弱，怕失败却常常失败。于是他们连正常的竞争都不敢了，只敢躲在虚张声势的躯壳下咒骂。他们错误地以为，他人的幸福就是自己的失败。这样的你，真是你想成为的你，真的是你喜欢的你吗？

虽然我这本书的主题是不和自己对着干，但我不是教你什么事都可以不努力不争取想怎样就怎样就是所谓的不跟自己对着干了，相反，我是希望你能通过这本书找回本真的自我，找到那个内心渴望竞争、渴望成功的我。然后通过努力，去与胆小懦弱的自己和解，做回那个真实的、自己喜欢的自己。

日本哲学家岸见一郎曾说过这样一段话：如果个体能够体会到“人人都是我的伙伴”，那么对世界的看法也会截然不同。不再把世界当成危险的所在，也不再活在不必要的猜忌（此处我要加上“恶意”二字，请岸见一郎莫怪）之中，你眼中的世界就会成为一个安全舒适的地方。那才是幸福的人，如向日葵一般，是沐浴着温暖阳光、吸收着充足水分长起来的向日葵，而生长在昏暗背阴处的丝瓜根本不可能那样！

所以，你真的想一辈子都当背阴处的丝瓜，还是活在阳光与幸福之下的向日葵呢？

示弱的勇气

在这个科技如此发达的时代，生存在这个需要剧烈竞争的社会，周遭的资讯都在煽动着我们的欲望。每天都有不同的声音告诉我们：不能输在起跑线上，要比别人强，要比别人有钱，不能让别人超过自己，要赢过别人，要成为被人羡慕的大人物，要活得高高在上……高、大、上成为每个人苦苦追求的生存目标。

殊不知，精致的利己主义的盛行，短视与功利主义的泛滥，社会的浮躁与冲动，都是一味“要强”惹的祸。人们为了虚荣而勉强自己追求金钱、地位，却忘了自己最初的梦想。回过头来看，你也许会发现你追逐的只是别人的追逐，是别人的梦想，是别人的渴望，而你自己只落得一身虚妄与疲惫，活得寂寞而烦闷。

为了不让孩子输在起跑线上，从他们刚刚会叫爸爸妈妈开始，就开始让他听《三字经》《弟子规》；从他们刚刚会走路开始，就让他们数手指头，学习算数；更不说舞蹈班、钢琴班、英语班、围棋班、美术班，更有骑马、武术、击剑等。

为了自己的虚荣，我们勒紧裤腰带买豪宅豪车，我们可以吃咸菜咽白饭，只为买一个印满 logo 的某大牌皮包。

为了掩饰自己的无知，我们夸夸其谈，把偏见当个性。

为了掩饰自己的自卑，我们打击嘲笑他人……

我们什么都怕落于人后，却往往忘了，我们实际上一生都在惧怕，怕别人看不起自己，怕别人背后议论自己，怕别人不喜欢自己……

有几个人敢大大方方地承认自己某个地方不如人，就是比别人差的?

很少很少，要知道，示弱是需要很大的勇气的，因为你的胆小懦弱，你压根就不敢示弱给人看。

两千多年前的老子就说过“坚强者死之徒，柔弱者生之徒”，它的意思是：坚强是死亡之路，柔弱是生命之路。一味追求强，不可能成为真正的强者。强者，他们不以示弱为耻。要知道，真正的强者，他们思维柔软，不墨守成规，能以最柔软谦卑的姿态待人接物。

“逃跑”一词在我们的常规理解中，就是弱者的表现，这让不少人感到疑惑，难道中国历史上最高深莫测的计谋，就是走，或者说是“逃跑”吗？

要知道，“逃跑”在一般人的观念中是懦弱的行为，所以很多人明知道赢不了，也要抱着“宁为玉碎，不为瓦全”的想法而打肿脸充胖子。

而“走”不仅仅意味着逃跑，也包含着一种善于放弃和退出的学问。同理，“示弱”也是一种需要学习的学问。

比如，我们学会退让，不去争孩子表面上的成绩与分数，学会顺应孩子成长的自然规律，给他足够的爱与陪伴，他一定会成长得更快乐更健康。

比如，我们学会示弱，承认自己的经济能力买不起豪宅豪车，我们按照自己的经济实力购置适合自己的房子或车，我们就不会被贷款压得喘不过气来了。

比如，我们常常承认别人的优点，学会观察自己的不足，我们才能在得到别人的尊重的同时，自己也一起进步……

示弱，不是软弱。相反，学会示弱、勇于示弱的人才是真正的强大。

如果，我们只一味为了追求目标奔跑不止，我们就会无法看周边的风景亦忘了周边的人。何不偶尔让自己停下脚步，容自己喘口气，好好看看四周，看看还有谁在身边，然后再精神抖擞地前行。

与欲望和谐共处

前几天同先生一起参加他一个堂弟的酒席，先生邻居家已经出嫁的女儿华华也来了，还抱着她刚刚五个月大的二胎女儿。

如果我估算得没错的话，华华今年大概是二十三岁。华华有一点点智障，至于是几级智障因为从未做过科学的检测，不得而知。但一个人是不是弱智不靠机器大家也是知道的。

我认识华华的时候她大概三四岁，长得非常瘦小，头大，眼睛大。说起来她是瓜子脸，大眼睛，但不知道为什么，组合起来却一点都不好看，大概是因为太瘦或者是眼睛没有灵气。

华华到了上学年龄也正常去了学校，却几乎回回考试都是十几分、零分。跟着其他孩子一年年混到了初中，自己就不想读了。家里人本就没指望她能读出个什么，送到学校只是为了有个地方能帮他们看孩子，而且华华也有十几岁了，她只是有点智障但并不是傻子，生活自理等方面完全没问题，所以也就随着她不去学校了。华华就此在家里玩，工作是指望不上的，偶尔能帮家里做点简单的事，闲了四处串串门。因为她不惹事，也挺听话，所以也没人讨厌她。

等我再听到华华的消息时，她居然已经嫁人了。

这点太让我意外了，因为听说她嫁人的时候，我估计她只有十七八岁。当然，年龄还不是最让我意外的，在农村，女孩子一旦不读书了早早嫁人的现象也是有的。最让我意外的是华华这样一个连初中都没毕业，既不能做工又不能做家务的姑娘，谁会娶她呀？莫非也是个智障或是老头儿吧？

可是细问之下，她嫁的男人居然是从智力到身体都健康的正常人，年龄也只是二十出头。华华的婚事是由华华的婆婆做主给定下的。华华婆家也是农村人，住在某个小镇的边上，前两年小镇扩张建厂，华华婆家的房子拆迁，居然赔了好几套房子。华华老公有两个兄弟，他是弟弟。哥哥的婚事也是由婆婆给定的，娶了个腿有点跛但性子温顺的姑娘。

事情听到这里，我就更不明白了，华华婆家因为拆迁的原因赔了不少房和钱，在当地算是小康人家了。两个儿子虽然都没读多少书，但好歹是身心健康，为什么要给儿子娶两个都有点儿缺陷的媳妇呢？

答案是这位婆婆非常强势。婆婆在孩子几岁的时候就守了寡，在农村，寡妇要是想不被人欺负，强势是生存的第一必备条件。大概正是如此，这位寡母在孩子到了该娶媳的年龄，她特意替儿子挑选了两个既不会挑战她权威也不会觊觎她家财的媳妇（至少我知道华华肯定是这样的），其实单纯就他们的家庭结构来说，这位婆婆蛮聪明的。

华华在嫁过去第二年就给婆家生了个儿子，如今又生了个女儿，孩子智力都挺正常。据说华华在家什么也不做，只管带带孩子，婆家既不挑她，她也不会想着挑婆婆什么，这婆媳之间倒是处得一点矛盾都没有。据说与老公相处得也不错，如今见她，人长胖了些（针对少女时过分的瘦），现在看着倒是幸福得很，人也漂亮了不少，甚至连智商上都正常了不少。

由华华我突然就想到了一个问题，什么是幸福？

对于华华个人而言，她现在的状态应该就是幸福吧？

再由此，我又想到，为什么我们总是觉得幸福难寻？

大概是我们欲望太多吧！

当你只有一元钱的时候，就想有十元钱，有了十元就想要一百元，继而又要一千元、一百万元……最后甚至想要整个世界、整个银河系。你在每一个阶段都会想：假如有了那个，我就满意了，我要的就是那个，可是当你得到他们的时候，你又不满足了。

我在怀孕的时候就会想，不管肚子里的孩子是男是女是美是丑，只要他（她）是个健康的孩子就好了。

可是当孩子出生后，身体各方面都健健康康的时候，你又会想，这孩子如果再漂亮一点，个子再比现在高一点就好了。

等孩子更大一点，你又会希望他比别人家的孩子聪明点、礼貌点、优秀点就好了……

欲望使我们就像一头驴子，面前悬吊着一根胡萝卜，不停地往前赶，却怎么也吃不到胡萝卜。

而华华之所以幸福，大概是华华对婆家没有一点财产和人情上的奢求，能够吃饱穿暖不打骂自己，与老公有正常交往，她就满足了。

由此，我们往大了看、往远了看之后，我明白了，幸福不难找，幸福也不是没有答案，幸福是与欲望挂钩的。

不管是健康、家庭、爱情、友谊、工作、声望、财富等方面，当我们的欲望大于我们的现状时，我们就感觉不到幸福。同理，当我们的欲望值小于我们的现状时，我们就会感觉到非常幸福。

打个最直观的比方，一对父母，原本希望读高中的孩子能考个一本就满足了的，结果孩子在高三最后几个月奋起直追，高考时居然就一举考了个“985”，你说这对父母幸福不？在这件事儿上，他们的幸福怕是要溢出来了吧。

相反，如果一个孩子平时调考分数一直遥遥领先，稳稳地在

985线内，结果高考失利，不但211都没考上，一本都只是过线一点点。这种情况下，他们的父母会觉得幸福吗？

同理，当我们的生存目标是年薪百万，住豪宅开豪车，而我们实际能力只能月收入万元，勉强供个十来万的车代步时，我们会有幸福感吗？当我们期望爱的人能在自己需要关心的时候就嘘寒问暖，在自己需要静静的时候就自动消失，在我们需要钻戒时，他绝对不买白银，我们就是幸福的；而如果当你需要他关心的时候，他却只是一句“我在忙，这点小事你自己解决下”，或者当你忙得屁股都没挨座的时候，她非要你抽空去帮她买一包卫生巾的时候，你会觉得幸福吗？

有欲望不是坏事儿，欲望也不是个贬义词，相反，我们需要一定的欲望，否则我们可能都会成为“流浪大师”（“流浪大师”乃2019年初的网红，原名沈巍。因“满腹才学”却甘愿捡垃圾、流浪而走红）。“流浪大师”拥有大学文凭，习得一手好字，说得一口好文章却甘愿流浪的原因，大概就是他对这个社会没有什么欲望，而并不是某些心理咨询师说的他有心理疾病、偏执等，事实上，“流浪大师”的心理怕是要健康过很多以他为炒作对象，为了自己能红而去叨扰人家清静的人。他之所以流浪，一则是自己喜欢捡垃圾，二则实在是他对物质和情感上都没有过多要求，或者说几乎是零要求，仅此而已！

我们普通凡人当然做不到沈巍那样的无欲无求，但我们应该合理地认识自己。一方面要认清自己的欲望是什么，即我想得到什么，我希望过什么样的生活，我希望世人怎么看我。在认清这些之后，再认识自己的能力，为了达到上面的欲望，我该做些什么，我是否有能力达到？比如你是一只只会跳的兔子，无论如何你多想，你也是不会飞的。所谓你的才华要配得上你的梦想，你的欲望才会实现。否则，你只会把你自己放进欲望的深渊里，终日仰望着目标，而不能得。

时间久了，你就会颓废了或者抑郁了。

被欲望过分折磨的人，必定不会幸福。但我们亦不能没有欲望，因为人渴了，要喝水；人饿了，要吃饭，这些就是欲望，没有欲望我们就没有前进的动力。我们要做的就是要学会与自己的欲望和谐共处，抛下那些过分的欲望，把欲望控制在一个合理的范围内，让欲望与我们的能力并驾齐驱。

你可以不完美

站在理智客观的角度，我们都知道没有绝对完美的人和事。但生活中还是有很多人被完美所困。

几年前，我曾写过一篇禅意小故事，发表在某杂志上，因为故事很短，我把它搬过来给大家看一下：

题目叫《死鱼》：

有个一脸愁容的年轻女子找到智者，请教说："我和我的丈夫原本都是普通人，过着普通的生活。就在前不久，一个远房亲戚去世，他膝下无子，便把巨额遗产留给了我们。我们在一夜之间成为富人。都说男人有钱就变坏，我很担心我的丈夫在不久之后会抛弃我。"

智者示意年轻女子看不远处的一只小猫，它正在吃一条发臭的死鱼。

智者带着年轻女子向猫走过去，那只猫见有人过来，警觉地叼起地上的死鱼，一溜烟跑了。

"那只小猫为什么要跑？"智者问。

"它担心自己的鱼被抢。"年轻女子回答说。

智者微微一笑道："可是我们会抢它的鱼吗？"

年轻女子听了若有所思，随即释怀地笑了起来。

基于这篇故事，我的一个朋友因为我这篇小文与我进行了一番讨论。

朋友说：为了防止鱼被抢，就得先把它变成死鱼吗？又或者，如果猫叼的不是死鱼，而是美味的食物，或值钱的财物，那会不会有人要抢呢？

翻译过来，朋友想说的是：是不是为了防止过于优秀的老公被别人抢走，就应该把他变成平庸的人？又或者，如果女人的老公不是个普通、平庸的人，而本来就很优秀，那会不会有人抢呢？

我们之间的争论其实很长，我没必要把它们都搬上来。只不过朋友想表达的观念是：你的这篇文章有失偏颇，不具有普遍性。

她认为我的故事表达的是：因为小猫拥有的不过是你看不上眼的死鱼，所以你才不会去抢。但假如那是条好鱼或宝物，你就会抢了。这句话翻译过来就是：女人因为男人发财了，而担心他被抢，你偏劝她不用担心是不对的。因为你主观认为那男人是死鱼，但如果他本来就是宝物，女人的担心是不无道理的。

事实上，我的这位朋友进入了一个理解的误区：她被我文中的“死鱼”两个字误导了。她主观地把人分成优秀或平庸（垃圾人渣不在讨论之列）两种人。那么她觉得，如果自己的男人过于优秀，从而自己担心他被抢，是应该存在的心理。而我教人放下，是错的，是有失偏颇的。

我告诉朋友，首先，什么是优秀？什么是平庸？什么是宝物？什么是垃圾？对于万物来说，皆是这个地球的生物，也皆是没有高低之分的，是平等的存在。

而之所以东西或人被分为好与坏，说白了，这取决于对人类的价值或贡献值。比如我故事中的死鱼，对于人类来说是垃圾，但它对于那只小猫来说，它就是宝贝；菜青虫对于菜农来说是害虫，对于小鸟来说是宝贝；钻石对于人类是宝贝，对于大自然来说，不过是块石头……

而人亦一样，一个对于你来说足够优秀的男人，在他人眼里很可能不过是个平庸之辈；同样地，在你眼里平庸的人，在某些人眼里同样优秀。

比如我们在武侠故事中看到的大侠，他们疾恶如仇，他们惩恶扬善。

作为读者，或者作为故事中的人，都会认为这个大侠足够优秀，是好人。但作为他的对头，作为被他牵连的人，是不是认为这是个爱管闲事爱出风头的人是人渣呢？或者说，你举的例子太极端了，大侠的对头肯定讨厌大侠，肯定认为他不是好人。那么，作为大侠的女人（不管女友或老婆），她们就一定认为自己的男人是个好男友或好丈夫吗？我看未见得吧？且他们的儿女又会如何看待大侠呢？

所以，这世间之物本无好坏，你人为分出好坏皆在你自心。

我朋友始终认为，我的故事中的人设，那个男人就不够优秀，如果足够优秀，她担心自己的男人被抢，是应当的。

事实上，她始终没明白，这个所谓的优秀，不过是猫眼里的死鱼，在别人眼里是什么，未可知呀！你的担心不是杞人忧天是什么呢？

即使被大众所认为优秀的人：比如比尔·盖茨，比如扎克伯格……他们也不过是在某一方面取得了巨大的成功而已。但在你的眼里，你会因为他们的成功就认为优秀到非抢不可吗？他们的妻子是不是每天都要活在自己的老公如此优秀，从而要担心他们会被人抢走中呢？换句话来说，这些担心也并不因为你担心了，他们就不会被想抢的人抢啊？到头来你的担心一点用没有，你要做的不过是做到足够好，从而让别人抢不走他罢了，而非仅仅是杞人忧天的担心。

好了，啰里吧唆讲了这么一大堆，让我们回到我故事的主题，也就是这篇文章的标题上来——你可以不完美。

或许你认为我前面讲了这么多似乎都是与主题不相干的事。其实很相干，来，我们把事情反过来看一下：

很多人认为自己有不足的地方，有值得提升的地方，这当然是好的，人唯有不断要求自己，唯有向上而看，才能不断进步。再往大点讲，这也是人类进步所必须具有的。

但我们不得不承认，无论这个人有多能干多坚强，他也不可能达到每个人眼里的完美，这正如我前面讲的故事一样，猫之宝物，人之死鱼。所以，你在要求你自己往前走，往上升的时候，在你觉得累了的时候，在你觉得不堪其重的时候，这说明你的能力已经达到了极限，那么在这种时候，你是可以停下来歇一歇的。

在你补充了足够的能量之后，如果你觉得你还能往前走，还能让自己更完美，你就继续前行。如果你觉得你即使在补充了能量之后，你也不能再往前了（运动员对这一点体会最深，有些极限真不是自己多努力就能够得着的），那么这个时候，就不要再强求了，接受自己的能力好了，接受自己就只能走到这里好了。

我认识一个姑娘，国内读的硕士，国外读的博士，还是双料的，除了中文还会三门外语，在我们眼里可谓优秀得不得了。

回国后这位姑娘在上海工作，两年之后就已经是公司中高层，还谈了一个美籍男朋友，两个人的年薪是两百余万人民币——啊，在我们眼里又是羡慕得不得了。

但是姑娘最近颇为不开心，因为她觉得她活得不够完美：她觉得虽然每年都有给父母寄钱（她寄的可不是小数字，最少都是六位数），但没有陪在父母身边，她觉得自己不是个好女儿（父母是北方人，不愿来上海）；同时因为工作的关系，她陪男友的时间也不多，她觉得她不是个好女友；更重要的是，世界那么大，她想去看看，她好想走遍全世界啊……

你看，在我们眼里她足够优秀，是足够让人羡慕的人，她还是不会满足于自己所拥有的，还是会觉得自己不够完美。

可这世界哪有什么完美？

所有的完美都是你想象出的样子，你觉得有钱了还得懂艺术，懂艺术了还得有好身材，有好身材了还得有情趣……人的欲望有多高，人的心就有多大。

我说过，有欲望并向前走，不是坏事。但在你走不动的时候，不要强求自己往前走，不要把自己搞得痛苦不堪。你可以不完美，你的心，也应该学会包容自己的不完美，因为这世界压根儿就不存在完美！

接受这个世界的不完美

别人永远无法给你公正的评判与对待

某友 A 针对一部热播剧通过自媒体形式在网络上发表了自己的观点，大概是挑战了一些传统卫道士的观点，引起骂声一片。

A 很委屈地找我控诉：为什么他们就不能好好思考下我写得对不对呢？我想表达的并不是他们说的意思好吗？换句话来说，就算我表达的是他们所说的意思，也不能用这样的言语对我进行人身攻击呀，每个人不是都有发表自己观点的自由吗？就算我理解得有偏差，你只需要客观理性地指出来就好了，何苦要用那样脏的字眼对我进行人身攻击？

某友 B 发了一张网络购物缴款的截图到朋友圈，配文：一双耐克 AJ1，四千余元。买，不值！买给正在蹿个的儿子，更不值！但不值，不代表我消费不起。为什么有些人，自己做着一个月收入不超过五千元的服务工作，却可以用一副高高在上瞧不起人的嘴脸对待进店的顾客？

某友 C 说，难怪李总一个堂堂人大毕业的硕士生斗不过一个中专毕业的吴总，他做人真的有问题。你看公司大小事宜，哪件不是我出面带头解决的？遇到事了，什么时候我都是站在他这一边。这次发奖金，凭什么我跟张某某一样高？他不但没做出什么业绩，还捅了不少大娄子，当时李总不也是很恼火来着？最后救火的还是我！结果到年终考核发奖金了，他（李总）搞什么平衡，学什么中庸，使我和张某某的奖金居然一模一样，这公平吗？

某友D，明明我是正常按道、未超速行驶，而那个电动车主自己开得飞快，还乱穿马路，发生了事故，交警还要判是我的责任？虽然责任不大，钱也不是我出的（有保险），但这种判法很不公正，好吗？

…………

以上种种是不是很常见？

人们在遇到不公平、不公正的对待时，要么超级委屈，要么超级愤怒，然后整个人都活在负面情绪之下。如果你在这个时候正好去找他，可能马上碰一鼻子灰，如果你是他的亲人，搞不好他还对你一通发泄。

遇到不公平或不公正的事确实很让人恼火，但人处于世，哪有处处公正、公平的时候呢？

甚至我猜，人从一出生就是不公平的吧。

同样是白纸一般的婴儿，有人就投生在亿万富翁家，吃穿用都是世上最好的，被人小心翼翼地温柔对待；而有的婴儿一出生，连基本的温饱都成问题，甚至身边就是炮火连天，随时可以让他“再次投胎”。还有的孩子天生就美貌惊人，几个月后就能“靠脸吃饭”，而有的孩子一出生就是残障，他或许永远看不见天空，或许永远不能行走，甚至一生都要依赖他人养育……

当然，这还是建立在你投生为人的基础上的。

假如，你一出生就是只蚂蚁呢？是一株小草呢？

或许一个孩子的一泡尿、一口唾沫，作为蚂蚁的你，性命就丢了；或许一双手的随手一拔，作为小草的你，根就冲着太阳了……

从大自然的角度来说，这世界压根儿就没有绝对的公正与公平。

就我们人类社会来说，你又如何要求他人或社会对你一定公正、公平呢？

犹记大概十年前，有一个著名的“零分女孩”事件。

事件的主人叫蒋多多。

蒋多多是河南某农村人，当时家境贫寒，父母一直寄希望她能考上大学，脱离农田劳作之苦。蒋多多之前的成绩一直也是挺不错，从高二起开始偏科：喜欢写作。这导致其他几门成绩下降。为此，她曾向老师提过对高考的建议，但得到的是老师的批评。于是，她准备用自己的方式进行反抗，希望引起相关部门的注意。

高考时，她在所有试卷主观答题区都写了自己对高考的各种不满……最后，这个希望得零分的女孩虽然因为选择题而得了一百多分，但她也如愿引起了媒体的注意。但媒体注意的只是她这个人及这起事件本身，而没有人在意她的想法，没有人在意她想表达什么。

而事后，因为各种压力，加上她自己觉得对不起父母，蒋多多也曾经试图自杀过。

虽然，相对于那些生活优裕的家庭来说，生而贫寒的孩子拼素质、拼特长没有任何优势，但应试教育下的高考，应该是他们最可拼，也是最公平的改变人生的方法之一吧。

难道就因为高考不是让你发挥特长，而是要全面发展，你就要像蒋多多一样选择放弃吗？

马未都老先生说，社会之所以能有进步，关键的问题是资源不能平均分配，而均贫富曾是我们倡导了两千多年的文化传统，对国人的影响根深蒂固。今天的资源，有形的和无形的，都需要今人去努力争取才能获得。

所以，不管是人，或事，我们都不能要求他们对我们绝对公平、公正。只有弱者、心智不成熟的人，才追求公平；一个强者从来不追求公平，他追求能否达成目的，能否把问题解决掉。

那么，当你觉得你受到了不公平的待遇的时候，你应该怎么办呢？

我想，你应该首先要学会控制自己的情绪，不发怒，不抱怨。然后把整件事情仔仔细细想清楚，看看这件事到底对你有多大的损害。如果它根本没有对你造成很大的损失或触及你原则性的问题，那么你也没有必要去管它。如果这件事对你来说很严重，又或者对你以后的发展会有不好的影响，再或者关系到你的尊严或触及你的原则，那么，在做决定之前，一定要想到你那样做了之后，会造成什么样的后果，自己有没有能力去承担那样的后果。然后，在能争取的事情上去为自己争取相对的公平。

生而贫穷不是件羞愧的事

就如同前面一篇文章讲到的那样，人生而是不公平的，有的人一出生已在罗马，拥有最优质的教育，最好的物质条件；而有的人一生下来就要担心生存问题，光是活着就已经竭尽全力。但是，这不是你的问题，不管你是什么样的出身，不管你是什么样的家庭，你都没有理由因此而羞愧。

当我还是个中学生时，我曾经有一个很好的朋友，就是上厕所一定要一起去，买一个好吃的一定要你一口我一口的那种。但是有一天，我发现我这个朋友突然不理我了，我找她，她躲着我。我堵她，她死活也不说原因。人都是有自尊心的嘛，虽然我一直弄不明白她不理我的原因，但既然人家怎么也不肯理我，我也不会再死缠烂打。

这事儿一直过了好久，大概是中学毕业了或者是某个暑假，我们共同认识的另外一个朋友到我家玩，无意中说起她，才解开了我的心结。

原来那个时候学校开始流行穿校服，我们学校也发布了这样的通知，而我和不理我的那个朋友是班上唯一没买校服的女生。我已经忘了我当时为什么没买校服，大概是我妈没给我钱或者我忘了找我妈要钱，反正是没买，而无形中与同样没买校服的她成了“战友”。事实上我虽然想不起来我当时为什么没有第一时间买校服，但与她同为不买校服的“战友”真的不是出于友情，只是一种巧合。

但她大概不是这么想的。

作为班上唯一不买校服的女生，我们肯定是要被老师叫去谈话的。当暑假到我家玩的那位朋友跟我“揭秘”的时候，我才想起来，我们被老师叫进办公室时，同样没买校服的她曾冲我诡秘地一笑，那个笑大概是达成协议共享友情的一种笑吧。只是当时的我并没有领会，从办公室出来后，我回家就找我妈要了钱交给了老师，不久之后就穿上了校服。

而她，还在坚守中的她，觉得我背叛了我们的“协议”，亵渎了我们的友情。

说实话，当那个暑假，我知道她不理我的秘密时，我还没有深刻体会到她的孤独与自卑，我只是认为她误会了我，我没有亵渎我们的友谊，而她定下的“协议”只是她单方面的，我没买校服只是巧合。当然，同我“揭秘”的朋友在那个年龄段也是与我一样的思维，认为不理我的那个朋友确实有点小心眼儿了。

只是当事过多年，等我有些年龄和对人性有一定的认识之后，我才知道，我那个时候确实“背叛”了她。

对友谊的背叛！

对贫穷的背叛！

我们那个时代，大家的贫富差距并不是特别大，所以我并没在这方面有特别的认识。我只是知道相对于一般同学来说，她家因为有一个长年卧病在床的老人和一个残疾的弟弟，家要比我们的破一些，但真的不知道她们家在经济上过得其实十分困苦，通俗点说就是比较穷。

而我无意中的没有买校服，无形中就与她成了一个战壕里的战友，这让因为掏不出多的钱买校服的她决定自己不是最特别、最该被孤立的那一个，从而让她觉得她还有自信走在穿着校服的同学们中的。可是当我也拥有了校服后，她觉得她彻底被孤立了。那种与众不同的自卑深深地刺痛了她，但她大概也知道这怪不了我，所以，她不能责备我，也羞于对我说出原因，只能用沉默来疏远我……

我和朋友的故事发生在几十年前。几十年过去了，社会的贫富差距也越来越大。有些生于贫困家庭的孩子总是觉得自己低人一等，在同龄人面前抬不起头来。从心理学角度来说，大家都有趋同的天性，都怕自己某一方面与别人不一样（当然，比别人好应该还是要得的），因为只有当自己与大家一样的时候，人在心理上才会有一种安全感。而当自己觉得与别人不一样时，这种安全感就被破坏掉了，他们会惶恐、会不安、会自卑。比如小学高年级，长得特别高的女孩儿，身体发育特别早的女孩子等，因为觉得与别人不一样，很多人会害怕，会自卑。

可是孩子，这不是你的错。

作为一个孩子，你没办法选择出生的家庭是否富裕，也没办法选择父母后天会带给你什么，当你无法选择也无力改变的时候，这不是你的错。贫穷，是你父母的事儿，与你无关，你不必不好意思的，更不必把父母的贫穷看成让你可耻的事儿。

孔子小时候也很穷。孔子的父亲乃是最低等的“军官”，而且三岁的时候他爹就死了。被母亲一个人带到十七岁，十七岁那年母亲也离世了。单亲家庭长大的孔子很小的时候就出去挣钱养家了，干过很多种卑贱的技艺。为了生存，他不得不给人放牧牛羊、当仓库保管员等，以至于到了老年还说“吾少也贱，故多能鄙事”。后来，自己在家教书，收取些学生的学费和资助，一直到五十多岁才谋得了“县长”的职位，拿到工资。后来又升到鲁国主管司法、治安的大司寇之职位，拿到六万斗小米的年薪。按照现在市值，折合人民币约十二万元。

当然，贫穷也不是件什么光荣的事。当你长得足够大，当你有足够的能力改善你的经济状况时，你一边不肯靠自己的双手改变贫穷，一边却要咒骂贫穷并抱怨自己为什么这么穷时，此时的你才是可耻的。

孔子认为，追求财富和地位是人们的正当欲望，并尊重这种欲望：“富与贵，是人之所欲也。”“天下熙熙皆为利来，天下攘攘皆为利往。”生活在现实社会中的人首先是经济动物，人们追求财富是一种权利，也是每一个人都具有的正常欲望。孔子曾说过，“富而可求也，虽执鞭之士，吾亦为之”。如果能够得到财富，就算是当车夫，孔子都愿意干。

孔子鼓励人们追求财富，认为贫穷是耻辱的事情。那是因为他认为，如果一个社会政治清明，社会运转正常，这时候，一个人如果依然贫困，获得不了任何职位，那么，这就是一种耻辱羞愧的事情。即“邦有道，贫且贱焉，耻也”。在一个为个人发展提供了各种机会和可能的正常社会中，个人如果依然无法在财富和地位上获得发展，往往就意味着懒惰或不思进取，这当然应该是让人羞愧之事。

但是孔子认为贫穷是件可耻的事儿，是有一个前提的。前提就是这个社会为你提供了发展机会，而你又不愿意安享贫穷却又贫穷，这才是可耻的。或者，假如你生在一个混乱的时代，你但凡获得一点食物、金钱或物质就被更强更壮的人抢走的时代，贫穷也不是你的错，因为你所处的社会没有给你提供发展的机会。

而像我们前面的例子，作为一个孩子的你，是没有力量改变家庭带给你的贫穷的，这不是你的错，你大可不必因此而自卑而羞愧。

坚持的 B 面

在这个充满竞争的社会，我们每个人都在努力前行，从小我们就听过了太多要坚持、要努力的话语，也看过太多要坚持、要努力的书。而如今，我人到中年，对“努力”和“坚持”这两个词也有了不同的看法。

有一天我大概是写稿太累了，发了一个表示抓狂的朋友圈说把这本书写完就不想写了。结果当然有很多朋友安慰我，鼓励我或者支持我。其中有一个朋友特意给我发私信告诉我人活着就是要努力，要坚持，然后他以他为例，他说他每年购书的费用有几万块钱，为此还买了一个大房子专门放书。我笑，说你这是郑渊洁啊。他也笑，农村的房子不值钱。

然后他告诉我，他每天要写作至少十二个小时，空余的时间还要看书。他说他现在几乎没有娱乐，甚至可以说完全没有娱乐，每天不是写就是看，然后说他一定要在这个上面（写作）有所成就。说实话我挺佩服他的，我对他竖起了大拇指，然后说，像你这样的人一定能达到你所想要的成功的。一个人既有天赋又肯努力，还很坚持，他不成功，还有谁能成功呢？

但是，他又来劝我，让我向他学习，让我学习他这种狠劲，每天写，每天坚持努力。我摇了摇头，说每个人的想法不一样，我不想把自己活得太累，我对写作上面没有太大的野心，也没有太大的名望上的追求。

他把我批评了一顿，说不想当将军的士兵不是好士兵。

对于他说的不想当将军的士兵不是好士兵我认同，但是我同时说，如果，都去当将军了，谁来当士兵呢？总要有人冲锋陷阵去打仗吧，总要有人当小卒吧，我说我愿意当那个小卒。

他大概有点恨铁不成钢的意味吧，说你那么有天赋，干吗不努力点，你能成名的。

我说如果还是相同的我，也是相同的你，只要我的年龄再年轻些，哪怕是只年轻十岁，我都会赞同你的话，逼迫自己再努把力的。但如今，我已经人到中年，我对自己有了更清醒的认识，关于写作，我除了没有多大的名利欲望之外，我也知道我的能力大概在哪个地方，我能达到一个什么样的水平线。妄自站在山脚去揣测自己能够一朝登顶，这是不现实的，也是幼稚的想法。

坚持可以，努力也可以，而且这都是正能量的向上的词，我不想否定他们，我甚至非常赞同年轻人一定要努力，一定要坚持这个观点，尤其在学业上和事业上，因为不管是学习还是事业，只要你肯坚持或努力，你一定会在原有的基础上进步。

但是世人一味鼓吹的让人去坚持、去努力的观点并非是正确的，它应该对事件的执行者及坚持的方向有一个正确的认识之后，才能决定是否鼓励这份坚持。

在“坚持”这个词之下，我们除了要认清执行者的能力之外，还要认清一点，再决定是否该鼓励对方是否该坚持，这个点就是坚持的方向。

我在我的另外一本书里，讲了一个搭梯子的故事。

故事的主角是一个大四的女孩，叫梅红。

那个时候梅红正在一家单位实习，在实习期快结束的时候，一向表现优异被实习单位赏识的梅红却频频出错，这让我们都百思不得其解。

在一次摘柿子的主题活动中，聪明的导师替梅红解决了她的难题。

导师让梅红爬上一个事先摆放好的梯子，梯子搭在一个院墙上。等梅红爬上去后，她只能看到别人家的小院。于是她很不解地问导师："老师，院墙后面是人家的小院，我们要摘的是柿子。"

"我知道哇！"导师一耸肩，继续说，"你看，同样是爬梯子摘柿子，当你的梯子搭在柿子树下，你就能摘着柿子。可当你的梯子搭错了方向，你无论爬多高，爬多少次，都摘不到你想要的柿子。姑娘，爱情也是一样啊！"

故事讲到这里，我相信不用我多说什么，聪明的你也应该知道了，当你坚持的梯子搭错了方向的墙头时，越坚持错得越远。

以上案例，都是坚持的 B 面。

还有一种坚持也是不应该鼓励的，那就是选择。

就是当你看到一个人在某一个方面小有所成，且他在这方面有一定天赋时，比如这篇文章开头的我，关于写作这件事，就不知道多少人觉得我努力得还不够，还要更艰苦点更努力点才行。可是他们不知道，我的选择跟他们不一样，我想要的不是他们认为的成功，我想要的只是随自己的心去写点东西，当我不想写的时候就不写，这是我的选择。我的这种选择错了吗？

我觉得我们有的时候做人挺盲目的，盲目地去努力，盲目地去坚持，还要盲目地去劝别人坚持、努力。

其实我们很少停下脚步来思考思考它们的反面，什么叫坚持？什么叫努力？什么叫成功？怎样的努力才是该鼓励的？怎样的坚持才是正确的？怎样的成功又是我们想要的呢？我觉得我们现在都活得有点浮躁，过于追求表面上的名或利或者眼前的事儿，很少停下脚步去思考，其实多看看书，尤其是哲学方面的书，我觉得对我们的人生在少走弯路这个方面会大有裨益。

或者我们都是被驯化的

前天中午，我和两个同事在楼下小餐馆吃煲仔饭，等餐的时候大家都“自觉”地刷起了手机。我一个同事边刷边乐，最后干脆笑出了“猪叫声”。

不用我们问，我这位同事就说：“给你们看个好东西，太形象了，发群里了，你们赶紧看看。”

于是我们“赶紧看看”，却是最近频频被吐槽的“陪孩子写作业”。这种主题我前几天就看过，只是不是同一篇文章而已，大意是一个陪女儿写作业快写崩溃的母亲发出歇斯底里的、来自灵魂的“拷问”。

说实话，挺形象的，看内容也是让人心有戚戚焉，是一篇完全能引起共鸣的自媒体文，文章的阅读率、转发率也是杠杠的。我不太爱转发文章，所以我看完乐完心有戚戚焉完也就忘了，没曾想当天和第二天朋友圈里一遍又一遍地转这个文章。我也是轻轻滑过，没什么多余的想法。

只是没想到事情到了第三天，朋友圈里类似的转发文章，包括自媒体阅读 App 里推送的同类文章突然就多了起来，不是同一个作者，不是同一个案例，但主题是一样的。都是家长陪孩子写作业，然后被孩子“逼疯”的，我不禁一阵厌恶！

是的，是厌恶！

自媒体跟风不是今天才有的，但凡网上报道点什么东西，比如“产妇要求剖腹产被拒绝，跳楼自杀”的，比如“某某模范明星夫妇，一方居然出轨了”，比如“某家长不让孩子玩手机，孩子转身跳楼的”……但凡有这样的新闻一出来，那些美其名曰善于抓“热点”的自媒体“大V”就开始凭借一面之词，加上自己的想象，开始煽动人民群众情感的大戏，比如“声讨医院制度的”“声讨男人的”“声讨家庭教育的”“是否还能相信爱情的”等，他们会根据新闻来抓住其中一个点，然后大书特书，以求增加点击率，是的，仅仅是为了增加点击率。至于由高点击率带来的人气，带来的广告，带来的名和利那是后话。

只是每当一个新闻点出来的时候，网上一片这种东西，你真的很烦，很厌恶。我这里不说这些自媒体这么做的行为对不对，也不说这种生存方式对不对（是的，追求点击率不外是为了追求后面的利益，这也是一种生存方式），只说我们的自媒体人都怎么了？你们的思想、观点、观察都被谁给吃了？为什么你们写的文章不但热点相同，连文体格式都基本一样？除了举的例子略有不同外，让我感觉网上不管是十篇八篇还是上百篇这种文章都是来自同一个作坊？

生产文字的作坊。

而不是生产思想的文章。

当我还在发散我的思维，由同事转发的一篇文章想着什么文字作坊的时候，我那两位同事已经就孩子问题聊得热火朝天了。

先是互相吐槽陪孩子做作业有多么痛苦，继而说到自己的孩子多么难调教上来。

同事李：“我女儿才那么屁大点小（四岁半）就成天知道臭美，每天都要穿裙子，你看这几天天气虽然有二十多度了，但还是得穿两件衣服哇，哪能只穿裙子呢？”

同事张：“你给她外面加件小外套好了，下面再穿条紧身打底裤。”

同事李：“不行啊，她要是同意这样穿不就什么事没有了？她非要只单穿那条纱纱的公主裙了，人家说了，人家是小公主，小公主都是穿公主裙的。为这事跟她弄一早上，不穿外套这天气哪能行，她一感冒不又是折腾我们大人？”

同事张：“你这事儿是烦人，我家养的是儿子倒是没在穿什么衣服上跟我别扭过，可人家皮啊，坐不住，这不，都上一年半的学了，规矩还没别过来。人家小朋友上课时都两只胳膊平放在桌子上，他不行，他放一会儿就不得劲，等老师一转身他就把胳膊拿下去。为这事儿老师没少找我。”

这时我也听奇了，插嘴道：“现在小学规定这么奇葩吗？孩子上课非得把胳膊放桌子上？不放还找家长？”

同事张回答道：“也不是所有学校都这样，我们小区的小朋友跟我儿子不上同一学校的都没有这规定，就我儿子他们学校有。可能就他们班主任对这事看得重，说争什么标兵，别的班都达到了，我儿子班就因为我儿子上课不好好坐，才没争到的。你说为这么点小事儿，老师也跟我说了两回，虽然我也觉得上课不把胳膊放桌子上不是个事儿，但人家老师找我们两回了，你说我能不管下儿子吗？他们老师可是随班走呢，从一年级带到小学毕业，这要是把老师给得罪了，孩子以后还能有好吗？”

听完同事的话，我唯有苦笑的份儿，是呀，同事的顾虑不无道理。虽然她也认为孩子上课不把胳膊放桌子上不是个事儿，但如果老师把这事儿当事儿，那它就是个事儿。

同事李：“啊，这让我想起来我看过的一篇文章，文章介绍的是根据郑渊洁写的童话故事改编的短篇：《训兔记》。里面的学校就是要把每个孩子都变成听话的兔子，没有被变成兔子的皮皮鲁遭到老师的多次批评，还找家长谈话。故事的最后，是皮皮鲁不得不买了个兔子头套戴着。”

《训兔记》我看过，这只是一部童话故事，抨击的是我们某些方面的教育制度。

这又让我不禁想起了电影《狗十三》中的李玩，是呀，我们都是电影中的李玩，我们都是一步步被家长、被老师、被社会驯化后的李玩。我们渐渐磨去了自己的棱角，我们渐渐变得更适应社会，我们终于变得跟大家一样，我们终于被父母亲人外界朋友一致认可，我们终于活成了我与这世界是相容的，而非格格不入的一个。所以自媒体才那么容易跟风，写作者模式思想观点才那么相似？

我不知道，虽然我已人到中年，但也许我骨子里还有一丝丝叛逆，我总觉得这样不好。但是作为渺小的我，实在不能为此改变什么。我亦没勇气做个异类，因为历史和文学作品都告诉我，异类是没有好下场的。

我想，这世上一边想做个异类，但又不敢行动的懦夫绝对不止我一个。这样的我们该是自卑的吗？该是被鄙视的吗？

我觉得恰恰相反。

其实这世界除了个别伟大的个人，他们或能凭战争或能凭思想对这世界的进程起一点改变作用外，其余的茫茫众生，不管他们是坐拥一城的富翁还是睡到街头的乞丐，我们都是被这世界驯化的一分子，我们都自觉遵守着这个社会制定的各种规章制度和社会法则，我们大家从本质上是一样的，我们都是李玩。

所以，有什么好自卑好被鄙视的呢？

但是，相对于被驯化的大众，我们尚且能保留自己的一点思想，对这社会有自己的观察态度，保持着偶尔的清醒，我想我不是李玩，我只是戴着兔子头套的皮皮鲁，这不也挺好的吗？

在没能力与某些东西对抗的时候，学会戴上头套来保护自己，何尝不是一种聪明、一种与自己和解呢？

面子是个自欺欺人的东西

前段时间有这样一件事：我的一个朋友，特别想申请某行业内协会会员。但申请这种行业内协会，除了要满足硬性条件外，还要有两个推荐人才行。这个朋友的硬性条件我是知道的，完全满足入会要求。而朋友一边非常想入一边又迟迟不填表申请的原因，就是卡在了推荐人这件事上。

基于对朋友及他认识的人的一些了解，我说了两个可以作为推荐人的名字，让朋友去找找那两位，看能不能帮忙推荐下。

朋友是这样说的："你说的这两个人能推荐当然是太好了，但问题是 A 我只是在一次活动中认识的，之后虽然也有联系，但基本上就是朋友圈点赞的交情，求他帮忙，人家未必会帮；而朋友 B 虽然相对更熟一点，但人家咖位太大，请人家帮我这个小忙，好像不太合适。"

总之，我说的这两个人似乎都不合适。我又说了一位，也被朋友找理由否定了。我认识的能作为推荐人的人实在有限，实在想不到其他合适的人选了，于是我跟朋友说："你有其他更合适的推荐人吗？"

朋友摇头，说，如果有，我早就申请了，就不会找你帮忙了。

我摇头，说，如果你对加入这个协会持可有可无的态度也就罢了，你偏偏那么想加入。既然你认识的推荐人有限，那我跟你说的两个人为什么不去找找呢？毕竟挂下这种行业内协会的所谓推荐人名头不是多大个事，不存在风险或其他问题，那你去求了，不外两个结果：一个是人家拒绝，一个是人家答应了。而即使人家拒绝帮忙，与现在的你又有什么区别呢？万一人家要是答应了，你的梦想不就实现了吗？

然后我又给他举了一个例子，也是真事，只不过那个人为了找到能帮上忙的人还拐了两个弯，就是托人再托人。

我这朋友好歹还不用拐弯去找人，是自己直接认识的。我想他之所以不肯去找，不外是怕人家不答应帮忙。而人家不答应的结果是什么？不是自己没能入协会，而是自己好没面子！

中国人爱面子是尽人皆知的，但“面子”究竟为何物？为什么要爱它？以及它有哪些好处等，我们却不甚了了。哲学里说：“人们追求的每每是自己并未理解的。”换言之，如果我们理解了它，你大概就不会追求它了。

“面子”是个挺有意思的词，它一方面可以是“要面子”，一方面又可以是“给面子”。“给面子”挺好理解，是别人主动给你的，往往代表着别人对你的尊重或尊敬。而“要面子”一个“要”字就说明了一切，你的所谓“面子”是“要”来的，这本就是件很不体面的事，又谈何“面子”呢？

说到这里我又想起了一件事，我同事的一个叔叔，早些年欠了人家一笔巨款，因为知道自己还不上，抛下妻儿，跑了。先不说这件事是否触犯了法律，因为民不告，官不究。他欠的都是朋友和乡亲的钱，所以也没人告他。也不说他欠债抛妻弃子逃跑这件事是否道义，但说他的这笔欠款在亲人的帮助下终于还上了后，他还是一个人在外流浪不肯回家。问及他为什么不回家，他说这些年没混出个名堂来，钱也是亲人帮忙还的，回家，没脸见人！

又是一个为了“面子”而有家不能回，有亲不能团聚的人！

奥地利著名精神病学家、心理学家阿尔弗雷德·阿德勒说过，“人的行为取决于所处的社会环境。孩子对自己的看法以及如何行事，是以他们怎样看待自己与他人的关系，以及他们认为别人怎样看待他们为基础的”。虽然此处说的只是孩子，但套用到成人身上一样管用。

所以，要面子其实要的是什么？要的是别人将会怎么看待我！

那么，一个特别在意别人怎么看待自己的人会是什么样的人呢？

说到此，我们就可以这样理解了：那些特别爱要面子的人，其实骨子里是自卑的。

我的那位想加入某协会的朋友，不肯求人帮忙，表面上是怕拒绝，要面子，实则是自卑，是对被拒绝被否认的自卑。同样，我同事的那位叔叔，有家不回，感觉回去没脸见人，是对认可的自卑，他既怕别人不认可自己，其实自己也不认可自己。

我之所以从“面子”说到“自卑”，是因为，如果我直接跟你说，我们不用那么介意面子，面子是件自欺欺人的东西，你未必认可。而如果我直接跟你说，你之所以不求人，或不回家是自尊心太强，是自卑的时候，为了面子，你嘴上可能还在强撑：瞎说，要面子怎么可能是自卑，但你心里，但凡你是有点知识的人，大概都会觉得我说得其实挺有道理。

假如我们不自卑而是自信的人，为了加入我想了很久的协会，我会不会千方百计地去找推荐人？就算我能找的人都拒绝了我又有什么关系？相信找他们去帮这个忙的应该不止你一个，难道那个被拒绝的人真的很丢人吗？

假如我们不自卑，我早年欠款逃跑确实是件丢人的事。但现在这笔款已经还上了，我再回家，即使还有人用当年的事开开我的玩笑，我不放在心上，谁又真的能觉得低人一等呢？

而现在呢？一个连申请表都不敢填，一个有家不能回。相对于你们那可怜的面子，到底是实现自己的梦想、与亲人团聚重要，还是面子重要？

但事实上，我知道的这种为了所谓“面子”，而把更重要的东西放在脑后这种本末倒置的人着实不少，这是件多么令人唏嘘的事呀！

我不能说“面子”不是个好东西或所有的“面子”都不能要，毕竟一个太不要“面子”的人，就很可能会成为我们说的没皮没脸的那种人；我只能说，当你要“面子”的时候，你要想清楚，到底是你的自尊心在作怪？还是仅仅只是把握分寸的事？你那么在乎别人对你的看法而不去做某件该做的事的时候，别人对你的看法就真的变好了吗？当你想明白这一点后，或许你就会分清哪些面子该要，哪些面子不该要，从而活得不再纠结、痛苦。

一个真正自信的人，他的面子都来得自然而然，绝对不是要来的。所以，抛下你那所谓的“面子”吧，别那么在意别人怎么看你，活得更自信一点，就会离你的心更近一点吧。

安定内心，别假装自己在生活

阿海向我求助，说他最近快被小菲折磨疯了。

小菲是阿海的老婆，两人结婚两年有余三年不足，暂未要小孩。

让阿海觉得快疯了的原因不是来自情感上的，而是来自小菲的生活方式上的。

阿海说，小菲刚结婚那会儿特别喜欢买买买，不管是衣帽鞋袜还是家居用品，小菲总是天天往家里抱东西，虽然不是什么大牌奢侈品，但也是正规商场的牌子货。当然，小菲除了给自己买，也记得给阿海买，甚至还会想着给公婆买。阿海觉得女人嘛，哪有不爱买东西的，再说小菲人也不吃独食，并不只是给自己买，也就没怎么管她。

有一回阿海要出差去内蒙古一周，武汉那时还没入冬。想着那边冷，阿海就四处找自己的一件羽绒服，可是怎么找也找不着。问小菲才知道，小菲说把那件衣服给捐了。

阿海急了，说你要捐衣服我不反对，你捐我不穿的呀。这件衣服不是今年春节前你才买给我的吗，我才穿一次，你怎么就给我捐了，那件衣服可是一千多块呢。

小菲说，我不光只捐了你的衣服，我自己的也捐了，你看，说完打开自己的衣服柜，“这叫极简生活！”小菲说这话时扬扬得意，还哇啦哇啦地跟阿海介绍什么叫极简生活，极简生活有什么好处等。然后还给空荡荡的衣柜拍照，发朋友圈配文字：“生活，就是要极简。生活简单了，心也会简单。”

阿海无奈，却也只有苦笑。

可是等阿海出差回来，差点以为自己走错了门。原来小菲买了个跑步机回来，但由于房子小，为了给跑步机腾地方，小菲将家里的摆设给重新规划了，所以阿海才感觉大变样，以为自己走错了门。

见阿海回来，小菲一把拉过阿海，非要让阿海试试跑步机，然后一本正经地教育阿海：“工作重要，身体更重要，我们要在繁忙的工作之外，学会休息，学会健康地生活……”然后又是哇啦哇啦一大堆，并且给自己和阿海制订了一系列的跑步计划。

然后自然又逼着阿海在跑步机上卖力跑步，自己好拍了照发朋友圈，同样要配上文字：“高品质的生活，不是用工作将生活挤满。健康，是生活必不可少的调味品。”

但是“健康”的生活还没过多久呢，小菲又买了烤箱、酸奶机、榨汁机等一系列厨房用品回来，问及理由，言之曰：要拴住男人的胃，不能仅仅只是一成不变的一日三餐，生活要有小惊喜。

当然，最后又是晒图发朋友圈，然后还要配上一段显示自己要么有品位要么有情调的文字。

所以阿海向我“求救”来了，他说小菲现在倒是不怎么买衣服了，但是这些乱七八糟的东西也很闹心啊！又占地方又贵，家里从厨房到客厅再到卫生间、卧室，到处摆满了家用小电器，很多东西小菲只是拆了封，连用都没用过一次就成了“摆货”。问她不是要极简生活的吗？小菲还总是强词夺理，说极简生活不是为了降低生活品质。

“且不说家里没一块空地不说，就是她这样消费，家庭开支也吃不消啊！”阿海长叹，“若是她买回来的东西真用得着也就罢了，你看那个跑步机，用了大概不超过五次。那个烤箱，用了两次，还有酸奶机、榨汁机都只用过一次……”我能体会到阿海的烦恼，像小菲这样的女人挺多见的。

我跟阿海说，除了买那些各种用品外，小菲是不是还会买书？有时是文学名著，有时是实用工具书，比如教人沟通的啦，社交的啦什么的？是不是还爱旅游？是不是还爱秀恩爱……

“对对对！”阿海忙不迭地说，然后瞪着眼睛问，“您怎么知道的？难道您还会算命？”

我大笑，说，我哪里会算命。我只是知道像小菲这样爱“秀”的，其实也是自卑、没有安全感的表现。她们买那些东西回来，并不是为了生活本身。比如买健身器材就是为了锻炼身体，买各种厨房小家电回来就是为了提高厨艺或丰富食品口味，同样，她们买书回来也不是为了学习，她们做这一切，都不过是为了向别人证明自己。

证明自己是多么与众不同，证明自己是多么会生活，证明自己多么有品位……而事实上，这些所有的证明，都只能证明她们假装在生活！

真正的生活不是为了证明或展示给别人看的，而是自己内心的体会。

不管你的生活是否丰富多彩还是简单如一，也不管你的生活是健康热情，还是高度死宅……只有当你的内心安定，不被外来的声音所左右。而是选择一种自己喜欢的生活方式，然后也确定地知道自己的生活就是自己想要的，这才是真正会生活的人。

我们没必要去羡慕、盲从或复制别人的生活，或许我们的生活有些不完美，比如十天如一日的单一；也或者是周末只宅家里睡觉吃饭，但只要是你想要的，且是你喜欢的，这有什么不可以？我们的生活是活给别人来体会的吗？硬拉着不爱动的躯体强迫自己去爬个山拍个照，只为了让别人知道自己热爱运动，有意义吗？

没有人能替代你去生活，同样也没有人能感受你的生活。我们生活得怎样，好与坏，是否决定改变，都取决于自己内心。何必在意他人怎样说、秀给他人来看呢？要知道，越是不被人关注的人越是希望被人关注。

我告诉阿海，如果小菲想在自己的工作上有所提升自然是更好，如果她不喜欢自己的工作，那就要帮助小菲找到她的兴趣，把自己的目标拓展到兴趣上来。只有当她的心确定了一个目标，然后为了那个自己想的目标去真正努力的时候，她才不是假装在生活了，她也没必要把那些虚假的生活秀给别人看了。因为不管她是在工作中还是在兴趣上取得了成绩，她自然就有了足以让她自信的被人关注的点，那么，她就不会再在意那些秀出来的假象了。

爱真正的模样

让你痛苦的感情绝对不是真爱

爱情，应该是美好和甜蜜的，而一旦一段感情出现了问题才会让当事者感到痛苦。这种问题不外是两个大的方向：一个方向是有一方父母不接受自己孩子选择的对象或异地等原因；另一个方向就是不被道德所容纳——其中一个不是单身状态。

我们先说说第一种情况，我们假设一对恋人在走了几年恋爱之路后，女方尝试着走入婚姻，男方说：“亲爱的，我非常爱你，也想永远和你在一起，可是你知道的，我妈不喜欢你，她不同意我们的婚事。”或者说：“亲爱的，我也想早点组成一个我们的小家庭，可是你不愿意来宁夏，我又不能去你那儿，我们这婚咋结？”

没办法，我这里举的例子都是男性。因为社会大多数情况，但凡当一个女人付出真心的时候，她无论如何都会想办法克服各种困难也要与自己爱的人走在一起的，而不肯克服困难，找出种种理由来推托的，我不敢说百分百，但绝大多数是男人！

只是亲爱的姑娘，我前面已经说过了，当你爱上一个男人的时候，你会想出种种办法来克服来自你这边的阻力也要与他走到一起，为什么他却不肯？为什么他却拿父母不喜欢你或异地这些客观条件来阻止结婚这件事？针对来自他自己这一方的阻力，他有克服的决心吗？他有实际的行动吗？比如一次次地想要说服父母，一次次地在父母面前展现你的优秀，有吗？而异地，压根就不是个理由好吗？现代社会发展如此神速，哪个城市没有留人的包容？他若真的爱你，离开他的城市到你这里就不能生存了吗？若真是如此，你倒是要好好考虑他有没有能力给你未来了呢。

综上所述，如果没有这些压力，一段真正的感情会出现什么痛苦呢？如果还有痛苦，那大概就是来自情感不专一上面了吧。

说起第三者，人们惯性想到的是女性小三。没办法，这是由于女性第三者确实比男性要多造成的。

第三者是被人所痛恨、所不齿的。但这些第三者里，其实有相当一部分人也是受害者，那就是她被男人骗了。当初，她认识他，觉得他英俊潇洒有前途，细心体贴还多情……优质男，至少是表面上的优质男。她被优质男所吸引，继而产生爱慕之心是人之常情。但问题就出在这里，当她对他有好感的时候，他也许对她也有好感，甚至很多时候，她对他还没好感的时候，他已经对她有好感。于是，追求也好引诱也好，反正他向她隐瞒了他已婚或已有女友的事实，与她重新谈起了恋爱。

当她真正爱上那个男人，并深陷其中的时候，她才从别人嘴里知道了真相，原来，他已经结婚了。而她，被小三了。

这种女人其实很可怜，因为她在被自己深爱的男人骗了的同时，还要承受道德的压力及自己良心的拷问：自己居然是第三者！自己居然伤害了另外一个可怜的女人！

面对这种情况，这些被小三的女子，她所受的煎熬其实并不比男人家里那个被伤害的女人少。因为被伤害的那个女人可以在阳光下直面自己的伤害，她是被同情，被世人所支持的那一个；而被小三的女子（此时请各位理智一点，不要一听小三就先破口大骂，我在此处说的是被骗被小三的女子。其实她付出的情感跟男人家里那个女人的情感并无二致，当知道他还有一个女人时，就像妻子知道丈夫有了外遇是一样的，她们在情感上受到的打击是一回事）的伤心，是得不到世人的同情的。非但如此，她们的感情还不能曝光于天下，一旦曝光将得到无数谩骂。

我无意替第三者说任何好话，因为我知道，哪怕是我前面这一段理性的分析，都会得到很多读者的不理解甚至唾骂。但我是个笔者，笔者的职责就是要保持一定的理性与公正公平，所以我还是想说，假如，很不幸，你发现你的男友或丈夫有了其他女人。请不要在第一时间内冲到那个女人面前去撕打她，不管她是主动小三还是被动小三，都没这个必要。因为，这首先是那个男人的问题。

当你发现你的男人出轨了，你对第三者的撕打与谩骂对你并无实际意义，你要做的，是三手准备：一是分，二是和，三是……

分很好理解。如果你们还处在恋爱阶段，实话，这种表面上再优秀的劈腿男人，也不值得你留恋，干干净净分了拉倒；如果你们已经结婚甚至还有孩子，你要做好收集男人出轨证据的准备，不能让对方在感情上伤害了你，还在物质上再伤害你一把。

和也好理解。就是经过你的沟通，男人有了悔改之心，而你也确实愿意给他一次机会，那就好好过下去。在你给男人多于以前的关心与照顾的同时，你还要学会忘记他的那次出轨，而不能动不动就拿这事来说事，否则，你们的婚姻还是很难好好地走下去。

第三种最难办，即对方并不悔改，或只表面上悔改，而实际上一直与第三者保持着联系，但你由于某种原因不愿意离婚。这种情况，说实话，我也没什么好办法，唯有忍或残忍了。忍是忍对方，残忍是对自己。没办法，这是你选的。而我是支持前两种办法的。

好了，言归正传，转回到我们今天的主题上来——如果，你被小三了，怎么办？

这个比原配发现男人出轨好办多了，原配发现男人出轨有三个可能的结局，而如果你只是被骗了而成为第三者，那么在你知道真相之后，没有别的好说的。不管你的情感付出有多深，不管你浪费了多少青春，不管你是不是有了孩子，离开那个不负责的男人吧。或者，如果他对你确实是真爱，那么让他娶你！

不，不要给他什么时间。如果他对你是真爱，他不会忍心如此伤害你的（欺骗已经是一层伤害），在你知道真相之后，还不解决他制造出来的烂摊子，先不说他是不是有担当的男人，他对你已经不是真爱了。

爱情，在女人眼里是最容不得沙子的。在你的眼里容不下，在其他女人眼里也容不下。所以，如果你是女人，如果你是拥有青春或靓丽外表的女人，不管那个男人表面上多优秀，你也不要主动当第三者。如果你不小心被第三者了，那么，在你知道真相后，最好的办法就是离开，或者等他把事情解决干净来娶你。

所以，正在恋爱中的你，不要再四处询问，我的感情让我很痛苦，我该怎么办的问题了。你要仔细想想让你觉得痛苦的点究竟是什么，这个点又是谁造成的，这个点如果是对方造成的，Ta有没有来解决这个点的诚意，就可以判断出你们这段感情有没有继续发展的必要了。

一味的委曲求全不能讨好你的人生

前面我已经在“你那么懂事，别人自然不在意你的想法”一文中讲了“讨好型人格”在生活中的委曲求全，而这一篇，我要讲讲在爱情中的“讨好型人格”。

严格来讲，爱情中的讨好型人格不是心理学意义上的讨好型人格，心理上的讨好型人格是形成于他成长的过程中的，是刻在他的潜意识里的，这种已经形成的讨好型人格想要改变，是有一定难度的。比如当你说“小米，帮我把最后一点工作做一下，我男朋友已经在楼下等我了”的时候，你可能痛快就答应了。

如果这件事只是偶尔发生的，你就是在乐于助人。对于同事之间该有的帮助，这种乐于助人的事于你和你的同事都是有利无害的。但假如，你的这个同事总是利用你的这种不会拒绝来让你做事，而你此时的答应，可能你压根就没意识到是你潜意识里的讨好型人格在作怪。

好了，重复的话题我们就不多说了，我们来进入这篇文章的正题，关于爱情中的委曲求全。

有这样一对夫妻，男的姓李，女的姓刘。

有传闻说当初是刘姑娘追求李小伙的，此言真假我不得而知，只是知道李小伙确实是很有异性缘的那种人，围绕在四周的姑娘特别的多，美女型的、有钱型的、事业型的、性格型的……什么类型都有。

而李小伙恰好又是那种温柔型的所谓暖男，对每个向他示好或请求帮助的姑娘都“温柔以待”。也许正因为这样，让各方面条件尽管还不错的刘姑娘，还是没有安全感，于是造成了她——请往下看：

刘姑娘的收入不错，比李小伙还高一点，但她从来舍不得去商场给自己买衣服。去商场，必是帮李小伙挑。李小伙本来长相就不差，再被刘姑娘一打扮，越发的帅气有吸引力，刘姑娘也因经常听到有人夸自己的男友帅气而自豪。但是，她自己从来舍不得在商场买衣服，几件旧衣服翻来覆去地穿，实在没得穿了就去地摊或某宝淘便宜货。

在家里，刘姑娘更是什么家务都不让李小伙做，买菜、做饭、洗衣、拖地一手包干。李小伙在家里是衣来伸手饭来张口，闲了就看电视打游戏，无聊了就找哥儿们去喝酒。某一次刘姑娘生病起不来床，让李小伙给自己烧点热水，他都不知道烧水壶在什么地方！

当然，这还不是最可怕的。可怕的是刘姑娘单身时挺有性格挺有主见的一个姑娘，自从跟李小伙在一起后，变成了完全没脾气没主见的“三从四德”型的女人。

比如刘姑娘怀孕初期，孕初反应非常强烈，吃什么吐什么，连苦胆水都给吐出来那种。李小伙拍着胸脯很 Man 地对刘姑娘说：“你都吐这样了，还上什么班，把工作辞了。我现在有工资有店铺，养得起你。”

刘姑娘刚开始不同意，说你小店刚开张，还没赚到钱呢。而且人家医生说了，我这孕初期反应属正常现象，一般一两个月就好了。把那么好的工作辞了，将来再想找同样的工作，就难了。

李小伙又不高兴了，说：“你这是不相信我的能力还是怎么了？放心，绝对不会让你们母子喝西北风。”总之，坚持让刘姑娘把工作给辞了。于是，那刘姑娘又在一干人的反对下，把工作给辞了。

你以为事情到这里就结束了吗？如果你这样想就太天真了。那刘姑娘把工作给辞了在家里安心养胎，而李小伙掌握了家里的所有经济大权，事实上，李小伙究竟把钱用在了哪里，我不知道，刘姑娘也不知道。但有一点我们都知道，当刘姑娘腆着五个月的大肚子在家做饭的时候，一个年轻的小姑娘找上门来了，她才恍然大悟！

但是为时已晚！

最后的最后，就是刘姑娘拿着二十万离开了李小伙……

每每说起往事，刘姑娘真的像书上写的那样：一把鼻涕一把泪。“早知道，我就不听他的，把房子给卖了；早知道，我就不听他的把工作给辞了；早知道，我就不只知道打扮他，而把自己变成累死累活的黄脸婆……”所谓千金难买早知道，世上从无后悔药！

这一切仅仅是李小伙这个渣男造成的吗？

渣男是真渣。但刘姑娘自己以为爱情就是一味用奉献来维持，一味地委屈自己才是造成这一切的真正黑手！你的包容和忍让只会助长他们的恶行，他们会把他人的同理心操控、玩弄于股掌之间，并压榨你的善良和懦弱为己用。

为了不让更多的刘姑娘落入这种渣男的圈套，我们也分析一下李小伙的行为。

在恋爱初期，李小伙为了把刘姑娘绑在身边，会营造一种“我很抢手”的光环——那种很多人都想要得到他的假象。这会让你把成为那个人关注的重点视为骄傲的资本，因为你是战胜一大群“竞争者”才赢得了他的。

在结婚之后，他会逐步剥离你的自尊，践踏你的底线。他们会通过各种手段贬低你，比如说你是个不会持家只会乱花钱的女人，你就会舍不得在自己身上多付出金钱。还比如他们会嘲笑你的梦想，比如养育孩子才是女人的第一要务，工作再努力也没什么，从而让你放弃工作上的发展甚至辞掉工作；他们甚至还会营造一种你不是他们想要的那个“对的人”的危机感，他有意无意地让你知道他与其他异性的暧昧，让你知道他尽管已经娶了你，他依然很抢手，而他娶你似乎只是他一时的冲动……

很多身陷爱情中的女子往往看不清渣男的真面目，为了维护这段感情尽心尽力，对这段感情前所未有的付出，而她们的价值却也被一再贬低。

遇到这样手段高超的渣男，身陷爱情的女人确实很容易就被他们操控了，但是，聪明的姑娘，只要你想一想真正的爱情是什么样子的，在这份感情中你是否感觉到痛苦，是否感到不平等？再想一想，也许真正的爱情是需要奉献，但绝不是盲目奉献。这就跟父母对待孩子差不多，你要爱他，还要教他、管束他。

同样，在爱情中，不管是谁爱谁多一点，切忌丢弃自己的思想与主见，甚至丢弃自己的人格来讨好对方，这不叫奉献，这叫讨好。比如有些姑娘，为了留住那个不太把你当回事的男人，而把自己的身体奉献给对方……当你把自己放在一个过于低、过于谦卑的位置，非但得不到对方的尊重，还得不到对方的珍惜。一旦对方遇到他认为更合适的人，会毫不留情地一脚把你踹开，是必然的结局！

被压抑的需求不会凭空消失

就如同上一篇文章里的刘姑娘一样，为了讨好爱人，一味委屈自己，直到最后才发现自己被骗被玩弄了。但是我们反过来想一想，假如刘姑娘还是刘姑娘，李小伙还是李小伙，唯一不同的是没有第三者，你认为刘姑娘的爱情会有一个美好的结局吗？

我们来假设一下，如果李小伙因为长得不帅或者没有一份好的工作让他有足够的魅力来吸引异性，但是他渣的本性不变，他为了把刘姑娘绑在身边，总是打压她的自尊，践踏她的底线，让刘姑娘觉得自己很没用很无能，从而李小伙既可以把刘姑娘绑在身边，又可以在她面前找到一点可怜的自尊。

在这样的前提下，天长日久后的刘姑娘会怎样？

当爱情的光环褪去伪装，刘姑娘终于看清了她生活的实质——明明自己挣得比他多，明明自己对这个家付出得比他多，明明自己照顾孩子、亲人，维系社会关系等一系列事情都比他好，为什么自己处处都被他打压呢？为什么自己要活得这么窝囊呢？

一个心理健康的成年人都拥有反思人格，这个反思不仅仅会反思自己的行为，也会反思自己的处境（当然，假如我们故事中的刘姑娘真的存在，她的处境其实也是由她的行为造成的），我们说过，固然是李小伙利用了她，对她进行了情感操控，而刘姑娘在这段被情感操控的过程中何尝不是心甘情愿呢？

所谓依赖与被依赖是相互的，当李小伙通过贬低刘姑娘来打压她的自尊时，在潜意识里，她也是依赖这种打压的。因为唯有这种被贬低被打压，才会让她在这段关系中拥有所谓的“安全感”——好吧，扯远了，我说的你未必理解。

那我们还是单纯回到世俗的生活中来。

所谓不在沉默中爆发就在沉默中灭亡，被压抑的需求也不会凭空消失，当有一天刘姑娘清醒过来的时候会发生什么？

她会反抗。

她会意识到在这段关系中，她成了牺牲品。

她会觉得不公平，于是，他们可能发生剧烈冲突，严重的情况下会关系解散，即离婚。

一段不平等的感情注定不会长久，不管一方是单纯付出者，讨好者还是委曲求全者，最终走向的都会是同一个方向。

如果说在两性关系中，当被压抑的一方终于爆发了后，不管是通过争吵，让这种不平衡尽量平衡一些，还是一拍两散，尚且都是一种解决办法。但有一种关系，就让人很痛苦很无奈了，那就是亲子之间。

有一种父母，他们的掌控欲非常强，什么都想替孩子做主。

如果说只是替孩子选择什么学校，报什么兴趣班，这点掌控我就不说了，孩子在成长的过程中是需要一定的约束力——约束他去做他不想做的事，比如上兴趣班；也是需要替思想和见识都不成熟的孩子做一定的选择的——选择去读大学而不是初中一毕业就去做小工。

这些既叫掌控也不叫掌控，而且每对父母在这样做了之后，他是意识到自己的行为的。我想说的掌控是一种在生活中无形的掌控，是一种“物润细无声”的掌控，是孩子和父母都没有意识到的掌控，但会给孩子带来伤害的掌控。

比如孩子到了学吃饭的年龄，他看见别人都自己吃饭，他也想自己吃，他看见别人都用筷子吃饭，他也想用筷子。

我们都知道，没有第一次学习就能融会贯通的天才，即使有，也轮不到你家孩子。

你家孩子在第一次吃饭的时候是怎样的？肯定是吃得满嘴满脸乃至满桌子满地都是米饭吧？这个时候，有些抚养老者（父母或祖辈）就会说了：“哎哟我的小祖宗哦，你这哪是吃饭啊，你这是玩饭啊，来来来妈妈（奶奶）喂你。”

孩子可能不愿意呀，侧着身子不愿意把筷子给你，也不愿意让你喂。你不高兴了，脸一板，“你自己吃吧，自己吃就不要再求我”。或者下一次，某次孩子希望你来喂的时候，你冷嘲热讽地说：“你不是要自己吃的吗，怎么来让我喂了？”这些都是控制。

再比如孩子交友：有些家长就会刻意让自家的孩子跟那些乖巧听话不惹事的孩子一起玩。

比如所谓分享：明明是孩子自己带的玩具，自己在一边玩得挺高兴的。这时来了个张三的孩子，上来就要抢自家孩子的玩具，有的家长就会对自己孩子说了：“宝贝，妈妈怎么教你的呀？小朋友要学会分享，我们把玩具让给那个小朋友玩一下好不好？”

如果此时孩子答应了，这没什么。如果此时孩子不答应，很多家长就会脸一黑，声音也硬了：“某某，我在家怎么教你的。把玩具让给小朋友玩一下，听见了没有？”

如果写作也可以用表情符号，我此时很想放个黑线流汗的表情，这些也是控制。

生活中，父母对孩子的控制简直太多了，从心理学角度说，这是一个母亲与孩子未脱离共生关系。

共生关系原本意义上是属于生物学范畴，讲的是生物之间彼此相互依存、共同进步的关系，在后来20世纪马勒等教授将“共生现象”这个概念引入人格领域的研究，重点放在“婴儿与母亲之间的关系和影响”。

根据马勒教授的理论：母亲与婴儿之间的共生关系，对于一个孩子的人格（性格和品德）发展、心理行为、情绪等，影响很大。母亲和孩子之间的关系（彼此关注、重视等），从共生关系理论来看，是一个人一生中一切人际关系发展的基础。

一个被父母“控制”，一个没有很好脱离共生关系的孩子，他们长大后要么懦弱，做事没有主见，遇事喜欢推卸责任没有担当，没有同理心，要么就是反抗和爆发（比如离家出走）。

不管是恋爱中的两性关系，还是夫妻关系，抑或是父母与孩子的亲子关系，一定要学会厘清“界限”。分清“你”和“我”，少点掌控，多点尊重，我相信你们的关系一定会好很多。

爱是平等、自由与快乐

随着社会越来越开化，女权主义的头也抬得越来越高。但我总觉得现在国人的女权主义有些走偏了。有很多女性，此中尤以恋爱中的女孩为重，她们误把大女子主义或者就是老百姓人称的

“作”误当成女权主义。

他们对男性颐指气使，动辄就拿“你这是不爱我”来威胁对方。对，表面上撒娇，是想看看他到底有多爱我，其实是威胁。

简单举个例子，半夜里女孩刷手机刷累了，一个电话打过去：“喂，我饿了。我想吃王麻子家的牛肉面。”

男孩一看时间，“哎哟我的小祖宗，这都几点了，我都睡着了。宝宝，过两天我陪你去吃小龙虾好不，今天就饶了我吧，我明天5点要起床赶早飞机出差”。

“不行，我就是现在要吃。再说了，你明天还出差呢，明天你也买不成，我就要现在吃嘛，你是不是不爱我了？以前我想吃什么不管是多晚你都给我买的，现在还不到十二点呢……”

这是什么？这是女权主义，还是“作”？

再来说一个小例子，来自一则我从网上看来的征婚启事。征婚者是位三十一岁的女硕士，我依稀记得她除了要求男方要月收入几万，全款买房还得写她名外，让我记得最清楚一点是，家务还必须全部由男方负责。对此，她美其言曰：我才不想把有限的生命浪费这种琐事上呢。

看完这则征婚启事我只能抚额无语，前面她开的条件我就不说了，每个人都有自己的选择，她要求人家收入多高那是她的事（找不找得着也是她的事），但最后一条让我感觉受的这么些年的教育被严重嘲讽了：原来女性自由就是什么事都可以让别人做！原来女性自由就是什么责任都可以不承担！原来女性自由就是我想怎么着就怎么着！

对不起，我受的教育不多，我没读过研，我只知道人与人交往要平等。而且我更知道，不论是在恋爱还是婚姻中，要把你们的关系长远且友好地发展下去，唯一的办法就是做到尽可能的平等。虽然爱情有很多种类型，这其中不排除男性做家务偏多一点的，但这里面也肯定包含了女性在其他地方的付出，或者情感，或者经济上。

男女关系就是站跷跷板，如果说恋爱期间，男性愿意忍让一些，让自己这边多承受一点重力，他不过是为了让站得高一点女性滑向自己。而一旦双方走进婚姻，这个跷跷板的两端就要保持平衡，可以忽高忽低地上下摇摆，只要摇摆幅度不是太大，一般不会出问题。我们都玩过跷跷板，我们也都知道，如果跷跷板的两端一直保持着一边高一边低，这个游戏就没法玩下去了。

说完了两性关系，我还再来说说亲子关系，亲子关系的不平等更常见，但也更要不得。

我们来看这一对母子，这是一对来自小地方的母子，孩子大概十来岁。走得热了，他看见别人吃冰激凌，他也想吃，只是他不知道别人吃的冰激凌叫哈根达斯。妈妈经济不宽裕，被孩子缠得久了，终于狠下心来也给孩子买了一小杯。当妈妈付款的时候，孩子似乎发现了这款冰激凌的价格不同于平时在冰柜里买来的冰激凌价格，于是小心翼翼地跟母亲说："妈妈，我不想要了。"

但这位母亲一边冷着脸，一边口不对心地说："没事，只要你高兴就好了。"

但是孩子听完这句话会真的高兴吗？

不会，他知道妈妈不高兴了，他也知道自己做错了，他更知道妈妈所说的"只要你高兴就好"后面还有一句潜台词，那就是"你不用管我高不高兴"。

而此时的孩子只能吃哑巴亏，因为妈妈并没有把后面那句潜台词说出来。

当十几年过去了，这个孩子已经参加工作，遇到好的工作机会或者好的姑娘，他总是不敢为自己争取，因为他总是会觉得自己不配。

而当他们惦念父母，每每给母亲打电话回去，问母亲身体情况时，她总是说自己这里不好那里不好（撒娇，是的，对孩子撒娇的父母非常之多）。但当儿子说，“那我请假回来，带您去医院”的时候，母亲往往又会说：“不用，你只要照管好自己就好。”

此时的孩子会是什么心态？

他一边觉得自己很自私、很不孝，一边又很压抑，很难受。但又说不上来这种压抑和难受究竟来自何处。

而这位母亲为什么要这样做？她一边是想向儿子展示我身体很不好（需要人照顾），但是，你不用请假回来照顾我（我多大度，多替你着想，所以你也要替我着想）的心态。可是她不知道她自私（潜意识，一般做父母的压根没意识到自己的自私）的行为对孩子的心理造成了多大的伤害。

还有一种父母当他们自己有需求的时候他们不会明着说，而是暗示孩子：“你看隔壁家的玲玲又给她爸妈添了个新家电（空调啊、冰箱啊）”或者说：“你看隔壁家的玲玲，每年过年都给她爸妈包个红包（这红包一般是以当地价值来看，比一般大还要大）。”再或者，“谁说人家生闺女不好了，你看隔壁家的玲玲，人是嫁出去了，但是但凡他爸或他妈有个头疼脑热的，人家就跑回来侍候……”

类似的话其实很多孩子都听过。

这种时候，孩子往往挑不出父母什么问题来（除非你真是个没良心的），但凡有点良心，有点孝心的孩子，总会觉得自己为什么比不上人家玲玲，总会觉得自己做得不够好。

以上我举的这些发生在亲子之间的例子，似乎都与前面的女权主义的案例有些不搭界，人家姑娘是为了测试男方是不是爱自己喜欢自己才“作”的，但你说的发生在亲子之间的案例，这在生活中不是很常见吗？

这是怎么了？

其实你们可能不知道，上面的母亲，不管是哪一种，她们使用的都是情感操控：她们都通过孩子的善良，来让他们内疚，让他们反省，从而做到自己希望的那样。这其实也是一种威胁：你做不到我希望的样子，你就不是好孩子，就不是一个会体贴父母、孝顺父母的孩子。

孩子的感受是什么呢？

是我很差、我很烂、我很不孝、我很不如别人的压抑！是一种自卑的压抑！如果说一个孩子的自卑来源于何处？碰到这样的父母，这样的孩子想不自卑都难。

还是那句话，一段关系的维护就是要保持天平两端的平衡。

一直被父母操控的孩子，他们不能像简单的两性关系一样，或者吵架或者离婚，他们能选择的道路只有两条：一种就是一直被父母操控，做一个外人眼中的孝子（女）；一种就是烦了，爆发了，怎么爆发呢？他又不能跟父母吵一架，因为他们找不到父母的错，你看父母说错什么了吗？所以吵架是行不通的，断绝父母关系，这更不可能，哦，就因为你父母喜欢拐着弯跟你说话，你就要跟他们断绝父母关系？这搁你自己那儿也说不过去。

那怎么办呢？他们只能学着做“不孝子（女）”，即去父母家少了，跟父母打电话少了，父母生病的时候，钱还是出的，而且尽可能多出钱，但是父母想要的陪伴却少了。这样的子女心里也是难受的，他们也会被自己的良心折磨，但是他们知道，要么被父母折磨要么被良心折磨，在两者之间，他们只是本能选择了一个相对来说自己更好适应的。至于他们怎么选，那只是他们自己价值观的事了。

我啰里啰唆讲了那么多，还是为了告诉你，人与人之间相处，最主要的还是真诚、是平等，不要总想着因为对方爱自己就利用对方（孩子对父母的爱远超父母对孩子的爱），然后去操控对方、压榨对方。这样做的结果只会使对方离你越来越远。

第三辑

我们终将与自己握手言和

该付出的付出，该收回的收回

让上帝的归上帝，恺撒的归恺撒

最近听朋友聊了一个故事，故事听完后感觉整个人都不好了。

朋友先是聊起她认识的一位女性 A 的孩子自杀的事件，孩子已经成年，在读大二，而且是名校。据朋友说，孩子自杀的导火线是因为 A 不同意孩子与一校外女青年交往的事，在一场争执之后，孩子居然就自杀了。

唏嘘一番自是不必说，只是朋友在感慨现在孩子多么脆弱等话题后，又聊起了 A 女士，说这位 A 女士也是位奇葩，孩子的自杀与她脱不了干系。

朋友本就是聊天说故事，自然是想到哪儿就说到哪儿，事后，我将朋友的故事整理如下。

A 女士被朋友称为奇葩是有原因的。大概在十几年前吧，A 女士的丈夫就出轨了他们共同认识的一位离异女性。彼时，她的丈夫也提出了离婚，但这位 A 女士死活不同意离婚，用她的话来说，“我才不愿意便宜他们”。

其实生活中这种女人也挺常见，男人出轨了，是他的错，我要是那么轻易就离了婚，不是成全了这对“狗男女”？所以 A 女士是死活不肯离。只是A没想到的是，她法律上的丈夫在多次提出离婚都被拒绝后，干脆就搬到自己出轨的女性家里去住了（至于为什么没有通过法院解决，不得而知）。这一住就是十余年。

故事讲到这儿，我突然想起另外一则故事，一则据说来自哈佛大学哲学课的故事：

假设你是个火车司机，火车在行驶的过程中，你发现刹车坏了。这时，你发现正在行驶的铁轨上有五个人，撞上去，五个人必死。

然而铁轨上有一条分岔，分岔轨道上只有一个人。你来选择是否转向。

这是一则哲理故事，虽然根据你不同的选择，教授们给出了功利主义、结果主义、实用主义、绝对主义等定义。但是就道德来说，从未有真正对的结论。如果你是火车司机，不管你选择不变道（五人死）或者变道（一人死）都是对的亦都是错的。原因我就不在这里多说了，大家可以思考下。

而我在讲那位A女士的时候实然“插播”这么一则哲理故事，是为了想说一下“道德”这个词儿。

如前面的A女士事件。她的法律上的丈夫在多次提出离婚未得到她的同意后，索性住到了出轨对象家里。给出轨女性买车买衣，公开恩爱进出。如果我们抛开世俗的道德和婚内出轨这件有违法律的事儿来说，这位男士与出轨女士能十余年恩爱，我们客观地评价，他们才是真爱。

而A女士与丈夫之间除了有一纸婚约外，他们之间还有什么？

她坚守十余年名义上的妻子，她到底又得到了什么？

从某种意义上来讲，A女士在明知道那对男女是真爱，而自己因为是受害者，从而死活不肯离婚、不肯成全，是不是也是一种不道德？不要急于骂我，如果你们不理解我说A女士也是一种不道德，可以想想前面火车司机的故事。如果想过那个故事后，还认为我说错了，那好吧，你骂我吧，是我能力有限，没办法给从未用哲学思考过的你讲明白。

且不说她丈夫出轨时，她尚年轻，如果彼时她能想开点，放手婚姻，她也许会遇到她生命中的真爱，组成另外一个幸福的家庭也未可知。她如此固执、偏执，不让人“好死”，其实害的是自己（反正那两个人过得挺快活的）。而A女士我们不用别人多说都会知道，她的日子一定好过不到哪里去（此处不是指她经济上的，她有一份收入不错且稳定的工作，用来养活自己和孩子没有问题），而是她的心一直活在怨恨之中。想一想，这样偏执、这样心中充满怨恨的女人，她的孩子会是什么一种生存状态？

事实上这位A女士除了偏执之外，控制欲也极强。

我们说过，她的丈夫提出离婚是十余年前，那个时候，他们的孩子刚上小学。等她丈夫看到离婚无望，搬出去之后，孩子自然也是跟A女士在过。这期间A女士的丈夫有没有在经济上或精神上补偿孩子这点朋友不知道，所以我也不知道。但我根据A女士的性格猜测，她或许会要丈夫的钱，但肯定不会让丈夫跟孩子有什么过多来往。想必孩子和爸爸之间见面应该也是偷偷摸摸进行的。

孩子与爸爸之间的事我不在此多说，只说这位A女士在遭遇丈夫的背叛之后，她把自己的怨与恨，爱与情一股脑儿全转嫁在孩子身上了。

她要求孩子离校后多长时间内必须到家，她要求孩子考试必须得多少分，她要求孩子必须要听她的话……也许，在控制丈夫这件事上，她失败了，但在控制孩子这件事上，她做得很成功。她的儿子一年半前以优异的成绩考入武汉某名校（她儿子本来想去北京某高校的，被她强行改了志愿留在了武汉）。

孩子大概是大一下学期，认识了一个校外女青年，比孩子大三四岁，在他们学校附近的一家 KTV 里当服务员。然后孩子开始了对那个女服务员的疯狂追求。

孩子自杀后，才知道，那个女孩儿其实一直是拒绝他的。但当时的 A 女士才不管这些，当她得知自己读名校的儿子居然跟一个在夜总会里当服务员的女孩交往，而且那女孩还比自己儿子大好几岁之后，下了死命令，让孩子必须跟那个女孩断绝来往。

在干涉无果的情况下，A 女士干脆在校园里租了一套小房子，让孩子从寝室里搬出来与自己同住，自己要时刻"看"住孩子。

孩子当然不同意。

A 女士径直去了孩子的寝室，当着所有人的面把孩子的东西都搬走了。

当天晚上，孩子就自杀了。

这无疑是一起人间悲剧！

但造成这些悲剧的原因是什么？

或许很多无脑的人会大骂孩子的父亲，他们的逻辑是他当初若不出轨，女人也不会心存怨恨，若不心存怨恨，就不会对孩子绝对控制，不对孩子绝对控制，孩子就不会自杀……

诚然，A 女士的丈夫或许是这件事的根。但你为什么不说，如果 A 女士没有遇到她丈夫，她压根就不会跟他结婚，不结婚就不会生下那个孩子，那么也就不会有什么出轨、控制与孩子自杀了……当然，说这段话其实很不讲道理，就如同你们把孩子的自杀归咎到他父亲的出轨一般。

造成这起悲剧的真正罪魁祸首就是 A 女士本人。

她如果不那么偏执，当她在明知道与丈夫再无可能走下去的时候，她同意离婚，她的生活重心还会只有儿子一个人吗？

如果她不那么怨恨，她会把所有的失控（对待丈夫感情这件事上，她失败了，即说明她的控制失败）都转嫁到孩子身上吗？

如果她能理智地认识到，婚姻用结婚证来拴毫无意义，如果她能理智地意识到，孩子也是独立的个体，不该承受她的精神之痛，这一切还会发生吗？

被称为“现代自我心理学之父”与弗洛伊德、荣格并称为“心理学三大巨头”的奥地利精神病学家阿尔弗雷德·阿德勒说过，“发生什么事不重要，我们怎么看待这些事才重要。”所谓可怜之人必有可恨之处，无谓的“执”，无谓的不放手，只会害人害己。

让你的控制欲见鬼去吧

既然说到了控制欲，我们不妨把这个话题多聊几句。

控制欲，是指对某一件事情，或者某一个人在一定程度上的绝对支配，不允许意外或者是有其他差错，对于人来说指对她绝对的占有，思想上行为上都不允许有违背你的意思。

通常内心有较强不安全感的人控制欲望也强烈一些，那些谨小慎微、追求完美、心里总不踏实的人更希望控制别人。

控制欲强是内心恐惧的表现。

控制现象在我们生活中很常见，比如前面故事中的 A 女士对自己的孩子就是一种绝对控制。因为害怕被抛弃，因为害怕被背叛，他要把孩子牢牢地掌握在自己手中，让他一切都要顺从自己的意愿，终于酿成了悲剧。

控制，并不一定只是强对弱的控制，比如母亲对孩子，母亲是强者，孩子是弱者。而事实上，弱者更喜欢对强者进行控制。我们说过，控制欲是内心恐惧的表现，真正的强者他们内心很少有不安全感，从而也不会因为恐惧而去控制对方，相反，越是弱者越是表现出极强的控制欲。

比如有这么一个十四岁的女孩，经常和父母眼里的不良少年混在一起。抽烟、打架、惹事，还有一次因为欺负同校的一个女同学被弄进了派出所。

父母从派出所出来后自然是把孩子一顿臭骂。可是下次，女孩该咋样依然咋样。

或许有些人会说这对父母太不懂教育，出事了只知道臭骂孩子。但是孩子在被接出派出所之前，警察阿姨也曾温言细语地给孩子讲过做人的道理，要怎样遵纪守法，孩子不也是没听进去吗？

还有人会说，这孩子十四岁了，可能是进入了叛逆期，等过几年，孩子大些就懂事了。

果真是这样吗？

孩子可能进入了叛逆期，应该不假，但是这孩子其实几年前就已经四处惹是生非了，她现在的情况并不是近期才有的。

还有人会说，这孩子就是天生的坏坯子，虽然说这话的人少，但你不否认确实有些人就是这么认为的。

可是，没有天生的坏坯子，孩子的所有行为都能在他的成长过程中找到原因。

这个女孩之所以爱惹是生非，就是为了引起父母的注意。

细问女孩的成长你就会发现，她的父母都是非常有社会地位的人，一位是政府官员，一位是企业高管。夫妻二人的关系一般，谈不上多恩爱但也不至于恶劣。只是这两人的工作都非常忙，孩子小时候有奶奶管着，孩子大一点的时候家里又请了个保姆，所以这夫妻二人也都非常放心地满世界飞。

以前孩子小的时候，生病了，母亲尚且能出现几次。随着孩子渐渐长大，病不太容易生了，孩子就开始惹事了……随着父母对孩子的关注越来越少，孩子惹的事就越来越大……做这一切时，孩子也许会意识到她是在故意惹事，但她压根儿不知道这些行为只是潜意识在驱动她，她之所以这么做，根源不过就是为了引起父母的关注，想从他们那里多得到一些关心与爱。

而女孩的这种行为本身就是一种用惹是生非来对父母进行情感控制。

惹事——引起关注——控制父母，形成这样一条行为轨迹。

如果说孩子对父母的情感控制来自不得已——我若不这样做，也许你们眼里压根儿就没有我。我们尚不能单方面要求孩子来改变控制行为，从而克制他的控制欲，那么有些成年人之间的控制就是控制人本身的问题了。

比如两性之间。男女二人同为成年人，却有些情感弱者，因为没有安全感而对对方进行情感控制，这种控制往往让被控制者感觉很压抑，很烦闷。

比如有的女人怀疑男人在外面拈花惹草，于是要求查手机、查定位。时时汇报同谁在一起，在干什么，什么时候要回来等。

同样，也有些男人用类似的方式要求女人。

控制欲是示弱的行为，是控制者觉得自己处于情感关系的弱势地位——自己离不开对方，而对方似乎随时都可以抽身离开。为了抚慰自己的焦灼与不安，于是对对方进行控制。事实上控制这一行为，对对方是无效而且有害的，控制者只能控制事件本身，是控制者自己的心理需求，却并不能控制事态的发展和对方的心，最直接的后果是破坏亲密关系。

一旦谁成了控制者，他就会越来越弱，越来越紧张、越来越恐惧、越来越绝望。控制者永远处在不安全之中。而最大的安全感，来自我们内心的强大。那么，对于那些处于不安全感的控制者，该如何自助？

提升自我，让我们自己变得更强大。比如在两性关系中，是什么让你没安全感？表面上或许是对方有点招蜂引蝶，而实际上是你自己没有足够强大的力量让自己自信，如果你觉得你足够漂亮，或许那些围绕在他身边的花花草草都不足以留住他的目光；如果你有强大的工作能力，或许你会觉得即使他离开，也不会对自己造成任何生存上的影响；如果你觉得你足够特别，或许你会觉得即使他周围的女人再漂亮也不足以吸引他的关注……

让我们心中有爱。唯有当你心中有着真正的爱，你才会设身处地地为对方着想。爸爸妈妈回家越来越少只是他们工作忙，并不是不爱我；对方与异性接触，只是出于工作需要，并不是拈花惹草；或者干脆反过来想：假如对方也处处查看我的手机，介意我跟异性说的每一句话，我也会觉得不被信任，觉得对方特别缠人，不够独立……

不管怎样，我们得知道，有控制欲绝对不是件好事。或许你现在还在为自己有个处处都听话的好孩子沾沾自喜，殊不知他要么会叛逆到让你完全控制不了，要么就是一辈子不反抗成为一个彻头彻尾的妈宝男（女）；同理，如果你现在还在为自己的男（女）友什么事都听自己的，自己说东 Ta 不会往西而庆幸，很不好意思地警告你，你终有一天会失去 Ta，不是实质上的就是精神上的。

自己都不爱惜自己，叫别人怎么爱你

那天，有人在一个 QQ 群里发了这样一段文字（非该网友原创，从哪儿抄的不知道）：世界上有这样一群女人，不傍大款，不出卖灵魂，可以坚强、可以温柔、可以优雅、可以泼辣、可以可爱，重点是，她们花的是自己打拼赚来的钱，还具备了贤妻良母的素质。她们带来的不仅是财富，更是一种自信自立的精神，输过、败过、哭过，但从来都没有怕过，她们就喜欢这样活着！

不委屈不求全，不委屈求财。人格独立，思想独立，情感也独立！没有公主的命，但有一颗女王的心……

嗯，这段文字有点长。

嗯，这是典型的鸡汤文。

这段文字发出来后，立即有几个女人跟帖竖大拇指。

这时，有个男网友也跟了帖，但他没竖大拇指，而是打了两个字：傻帽。

我一看，乐了，也跟着打了两个字：傻帽。

之前跟帖的女人理解错误，以为我在说那个男网友是傻帽，于是附和着我说，对，某某（男网友的网名）是傻帽。

我又乐了，说："我不是说他是傻帽。我跟他一样，是认为文字中的那个女人是傻帽。"

话音刚落，之前的男网友又发来一段文字：女王心的背后是不是一些矛盾的碰撞与自我发展过程的批判煎熬，是不是些不愿证明又难以释怀又不愿对人提及的所谓的一厢情愿的悲壮？

男网友发的文字有些拗口，也有些不太容易被理解与接受，但我对这段文字还是认同的。

有些女人，自己扛纯净水瓶子，自己换水龙头，自己卸汽车轮胎……什么都自己来。假如，她还是单身，她也没什么亲戚朋友，她当然得自己来。但是，假如你有男朋友或者老公了，这些还要自己做，你觉得，这样的女人就是独立自强，万事不求人，就是女王吗？

NO！这种女人真的只是傻帽罢了。

上帝把人类的性别分为两种，而不是三种、四种，或者一种，是有他的原因的。所谓的牝鸡司晨，并不是思想封建的老保守、老古董们的话。男人，应该有男人的责任；女人，应该有女人的样子。如果一个女人把本该属于男人的事情都做了，那么，你又要谁来疼惜你呢？

还记得《撒娇女人最好命》这部电影吗？在电影里，男主角和女主角（女汉子）是兄弟关系，基本上是女汉子爱着男主角，而男主角并不知道。

女主角抱着我有自己的工作，我有自己独立的思想，我们的情谊那么深厚，我们的交情那么久远，而且，你的身边貌似只有我一个疑似女性友人……可是，直到台北傲娇女一出现，男主分分钟被抢走。

要不是导演故意把傲娇女塑造成心机“绿茶婊”，强行把男主拉回女汉子身边，这位女汉子怕是再坚强、再独立、再贤惠也回天无力了吧？哦，对了，又有谁说用了男人钱的女人就一定不坚强、不独立、不贤惠、不温柔、不优雅了呢？

我认识一个姑娘，跟我带点拐弯亲，老家是湖北的一个偏远县城。大学毕业后，留在了武汉。

姑娘人长得漂亮，性格也开朗，工作及收入都不错，但这姑娘年近三十了，还没个男朋友。

这姑娘的父母急呀，于是从未麻烦过我的老人家把电话打到了我这里，大意就是让我给姑娘留意个男朋友之类的。

我一开始认为这姑娘是自己没遇到合意的人才导致的单身，但当我跟姑娘谈心后才知道，并不是这样。

其实姑娘有过两次恋爱，且最初都是男孩追的她，她也对对方比较满意，有长期发展的打算的。但不知道为什么，这两个前男友最后都选择了与姑娘分手。而且，连方式都一样：他们在与该姑娘恋爱一段时间后，又有了新的女朋友，然后被该姑娘抓个现形，男人居然就顺坡下驴，提出了分手。

“你说我怎么这么倒霉呢？尽是让我遇到这些人渣！”姑娘愤愤地说。

由于我对姑娘说的这两个前男友都一无所知，所以我也不好发表什么评论，我当时真的只是很无意地说了一句："有时候，有的男人对一个女人是男渣，对另外一个人却是极好的。"

姑娘马上接口道："也是，那两个前男友对他们后来的女朋友都挺好的。"说完，姑娘伤心起来，"明明我比她们都漂亮，都能干。明明我比她们对男友都要好。你知道吗？我前男友 A 的女朋友会半夜叫 A 去给她买消夜，以前 A 跟我在一起时，都是我半夜给他买消夜的好不好？还有我前男友 B 的女朋友，更是一个生活白痴，水电费不知道怎么交；公交卡不知道在哪儿充值；出去玩，带的水啊零食啊什么的全都让 B 拿着不说，她走累了还得 B 拉着她走……以前我与 B 在一起时，这些小事我才不会麻烦他呢！"

听到这里，我叹了口气："也许，这正是 A 与 B 都和你分手的原因呢？"

"你是说我不如他们的女朋友娇气，会作吗？我最讨厌这种女人了！"姑娘是个聪明人，立即明白我说这话的原因。

"可是谁说女人娇气和作不好呢？如果女人在外人面前娇气、作，那是她不懂事。但在自己的男友面前不娇气、不作，你让男人拿什么来疼你呢？你总得给男人一个照顾你、疼惜你，让他表达出来他爱你的方式呀！你把他想爱你的地方都堵死了，他又怎么爱你呢？"

所谓的"女王"，若非情非得已被现实所迫，那些自愿成为"女王"的女人，其实都是极没有安全感的孩子。她们在小的时候多次被拒绝、被忽略、被欺骗、被伤害……于是，她们学会了凡事靠自己，学会了把自己包裹在一个名叫"不求人"的壳里，只有这样她们才能获得自信与安全感。

这样的孩子未免太可怜。

我记得我早年看过一段苏青的文字。苏青离婚后，自己租了房，靠写作养活自己。在经济上、思想上就像这篇文章开头说的那样，是一个强大的独立的女王。但是，有一次苏青还是在给张爱玲的书信里这样大意写道，我环顾着这间房子，桌子是我的、椅子是我的，连墙上的一颗钉都是我的，但，这又怎样呢（原话我不太记得了，但那颗钉子我印象太深）。

我能想象出苏青在说这番话时，是怎样的哀怨、无奈、可怜与可悲。

是呀，这世界即使你什么都不缺，但独独没人爱你，多可悲？但是，你若自己都不爱惜自己，别人又怎么会爱惜你呢？女王也好，公主也好，先学会爱惜自己，该让男人做的让他去做，该撒娇时撒娇，该依赖时依赖，先学会拥抱心底那个躲在壳里的孩子。剩下的，你再选择什么样的身份，就都是你的事了。

我们多多少少有点来自原生家庭的病

国人似乎一直热衷于跟风，前两年，武志红的《巨婴国》一书热销时，网上是一片声讨“巨婴”的。如今又是一片声讨原生家庭的。

而我今天写的这篇文章，也要跟下原生家庭的风了。

昨天，陶子给我发来了很长一段文字信息，大意是说她看了《都挺好》之后，才发现自己现在所有的不幸都是原生家庭造成的。然后说了一大堆小时候，她家里是怎么待她，她妈是怎么偏心怎么忽视她的。

陶子是我初中时的好友，只是后来各自求学，我们失去了联系。前几年，在一次同学聚会上我们又联系上了。

我对陶子的现况还是有些了解的。陶子三年前离的婚，是陶子先提出来的。理由是觉得自己在家里得不到一点尊重，一点不像是丈夫的妻子，倒是像低人一等的仆人——家里所有家务事儿都是她做不说，还经常被男人各种瞧不起。在一次激烈的争吵之后，陶子提出了离婚。而她提出“离婚”二字时，前夫居然二话没说就签了字，理由是陶子脾气太大，遇到一点儿小事就炸，和她生活感觉是跟炸药包生活一样。

二人很快办了手续，孩子也做了妥善的安排。

刚离婚那阵，陶子还颇有了点解放了的感觉。只是独居的日子渐长，尤其是几个月前陶子在卫生间摔倒，硬是在冰冷的大理石地板上趴了半个小时，才缓过劲来，然后爬到手机处打了120。至此，陶子偶尔会想，当初的离婚也许是自己太冲动了。

以上是陶子没看《都挺好》时想的。

而看了这部电视剧之后，她虽然觉得自己提出离婚有些冲动，但是也不再怪自己了，把矛头指向了原生家庭：“你知道吗？我知道两个人相处得不好不是一个人的错。我固然知道与李东志（她前夫的名字，已用化名）之间的问题我也有错，但是假如我和李东志能重来一次，我觉得我们也会走向离婚。因为我发现，我就是‘讨好型’性格，造成了我在结婚后依然为了讨好老公而包揽了家庭的大小事宜。我产生‘讨好型’性格的原因是什么？来自我的原生家庭！至于我的暴脾气就更不用说了，那是我婴儿时期就没被父母无条件地善待过的原因，你是学过心理学的，肯定知道我在说什么吧？”

我苦笑，我当然明白她在说什么。

确实，我们的性格是后天形成的，这个后天与我们婴幼儿的成长环境，以及抚养者对待我们的态度密不可分。但一个心理健康的成年人，把成年后的所有失败与不幸都推到原生家庭身上，这锅甩得未免也太理直气壮。

其实我们多多少少有点来自原生家庭的“病”，如果你把你性格中的缺陷称之为病的话。但因为不好的原生家庭成长起来的孩子绝不止她陶子一个，为什么有的人能将成年后的人生经营得很出色，有的人就把生活经营得一塌糊涂呢？我想这主要的原因还是自我认知以及自我化解的原因吧。

陶子告诉我，这段时间她不但听了很多心理学讲座，似乎越听越上瘾，什么催眠了，什么家庭树了，什么NLP了，什么CBT了，讲得我一愣一愣的，那些专业用语从她嘴里蹦出来比我这个取得了国家二级心理咨询师的人还丰富。然后还告诉我，她是什么什么人格，哪些地方有心理上的问题等，最后让我给她留意下，哪里有心理学讲座就告诉她一声，她好去追。

其实像陶子这样喜欢追听各种心理学讲座的女人挺多的，她们多是在生活或情感上有些不顺的女人。她们最初听心理学讲座的原因或许各有不同，但她们后期疯狂追讲座的原因我分析不外是以下两点：一是心理寄托；二是自以为自己在学习——进而让她们以为自己在为了改善不好的家庭关系在做努力。

而其实我要说，泛心理学也是一种病。

学习点心理学知识当然不是坏事，可是如果抛弃系统的学习、理智的学习、思考性的学习……而一味追求各种心理学讲座，然后把生活中的所有不如意都甩锅到原生家庭身上，这是不合理也是不公平的。就像我前面讲到的一样，即使你的原生家庭真的在你的成长过程中给你造成了一些伤害，你的认知能力、化解伤害的能力才是决定你后续人生过得好不好的主要原因。

不反思自己而把锅甩到原生家庭身上，是一种逃避的表现。逃避直面解决问题的勇气，把自己藏在受害者的角色里自我安慰。他们天真地认为，我一旦把所有的错都推到原生家庭身上，我对自己就是一种原谅，就是与自己和解。殊不知，真正的原谅，是在对自己的过往有了深刻了解后，原谅自己过去犯的错。比如陶子，她在离婚后去学习心理学的初衷是好的，她认识到自身性格中的一些问题来自她的原生家庭，这也是好的。不好的地方在于，她急于把自己的过错甩锅，而不是原谅那个因为“讨好型人格”及“暴脾气”而导致离婚的“我”。其实陶子一边在甩锅、逃避，一边没有原谅是自己导致那场婚姻的失败。所以，她并没有真正地与自己和解，只有当她认识到自己在婚姻中的不足之处，然后去改善、去向前，并忘掉自己过去犯的错，这才是真正的与自己和解。

情绪是件需要自我拯救的事

你寻求的安慰无法安慰你不强大的内心

一位同事跟我说，她不想让女儿学画画了。

我问她为什么。

她说女儿从幼儿园中班就开始学画画，现在都学四年了，也没见画出个什么名堂，所以不想让她学了，不如报个数学培训班。

我挺惊讶，我说我觉得孩子画得挺好的呀，作为一个不满八岁的小女孩她算是有天赋的，就这样放弃多可惜。

同事说，什么好哇，你不知道，我让女儿参加了好几次美术比赛了，得的最好奖项就是个三等奖。三等奖有意义吗？没有！连二等奖都没有意义，因为别人只会注意到一等奖！然后还问我，你知道郭晶晶吧？你知道孙杨吧？你知道李娜吧？为什么？因为他们都是某个领域的冠军！一等奖的获得者！那我问你，你知道中国奥运项目上的跳水亚军是谁吗？游泳的呢？打网球的呢？不知道吧？我也不知道，说完她还扬扬得意地看着我，一副我没有说错的嘴脸。

我总觉得她说得不对劲，孩子的兴趣爱好怎么能与专业训练人员比，而且才 8 岁的孩子，究竟是什么样的成绩才算学出了个名堂？但无妄地争执又没有什么意义，终归是人家的孩子，人家怎么决定我这个外人只能半开玩笑地插插嘴，说多了就是多管闲事儿。

同事刚从我这儿离开，我的一个文友通过网络告诉我，他不想写了。

我这个朋友也是个图书作者，出了两本书，分别是一年前和半年前。

我说为什么？你以前没出书的时候天天想出书，现在好不容易出了两本书了，垫下了一点基础怎么就不写了？

他告诉我，写书有多辛苦咱们都是作者，我就不多说了。可是我巴心巴肝出了两本书，如果说因为没名气，人家给的稿费低，我没赚着钱我认了，但是销量也很平啊。看着图书销售网上那可怜巴巴的几十个评论，我继续写下去还有什么意义？

我说评论少说明不了什么的，你看某某作家的书评论数也很少，再说了，即使这两本销量真的不多我们争取下一本写得更好，销量更好不就行了？

文友摇头，不写了不写了，没意思，我还不如回家卖水果。

但巧的是我下班回家的时候路过我们小区的一家水果店，水果都堆在了店门外，摆了个牌牌写着“大甩卖”，看架势不像平时常做的普通促销活动。再一看，店内的货架基本上空了。我问店主是怎么回事，店主告诉我卖水果不赚钱，准备做早点生意，然后还感叹一句：“这年头，小本生意只有开餐馆不赔钱。”

我一时语塞，这家水果店的前前身就是一家做早点生意的。

故事看到了这里，你们发现什么问题没有？

那就是不管是我的同事、文友还是做生意的小老板，他们都有一个共同的特点：急于看到成果。

因为机缘巧合，没怎么辛苦付出就出名、赚钱的人有吗？

有！

但那毕竟是凤毛麟角，一亿个人里也难得出现一个，而大多数人都是在成长的道路上不断积累才慢慢走向一定的高度的。而现在的人似乎都有点急功近利，他们不懂得只有春天播种，秋天才会收获。很多人在做任何事情的时候，刚刚付出一点点，马上就要得到回报——学画画、学写作、做生意等，刚开始就觉得难，发现不行，立即就要放弃。

其实，这是心理不成熟的一种表现。

人只有先付出才能得到，而付出是需要成本的。

你想获得独立，就要先付出自由；你想得到专长，就得先牺牲爱好；你想获得名气，就得先付出寂寞；你想获得金钱，就得付出辛劳；你想给家人更多的陪伴，就得先付出个人的提升；你想看到花开，就要先付出等待。

但是，有一点是明确的，你在这个某一项中做到了付出，将会得到加倍的回报。就像一粒种子，你把它种下去以后，然后浇水、施肥、锄草、杀虫，最后你收获的是几十倍，甚至上百倍、上千倍的回报。

这个社会有很多的成年人，还没有脱离幼稚的行为，一点小事情就跟别人争来争去；短时间内没有看到成绩就抱怨、就放弃，希望通过外在的时机来寻求内在的安慰。

海尔集团CEO张瑞敏说，人成熟与不成熟跟年龄没有关系。人成熟不成熟，就是你能不能站在对方的角度去看待事物，就是能不能把我的世界变成你的世界。

一个心理不成熟的成年人，他们的内心是强大不起来的，你也是没办法安慰他们的。那么，心理不成熟的人都有哪些表现呢？

就是我们前面说到的不肯付出和等待；

不自律，这其中包含着消极、抱怨和不愿意改变自己。

经常被情绪所左右；

不愿意学习，自以为是。

作为正常的人类，我们生于世，每个人都会遇到大大小小的困难和挫折，如果只是单纯地寻求外在的安慰不足以让我们走出困境，唯有让自己的心智成熟，学会理智地思考和对待事件的方式，我们才能让自己内心变强大，从而做到真正的自我安慰。

争吵，是为了想赢还是为了解决问题

你有没有过这样的经历，本来因为某件事，你跟别人吵了起来。等这件事结束后你会发现，你居然忘了究竟为什么而吵了，或者吵架的主题早已不是当初发生的事情了。

比如就新办公室选址问题，两位经理有不同的选择意见。张经理说新办公室选址应该就在现在办公室周围找，因为这涉及客户往来熟悉度、方便度，以及名声提升度、员工上下班都方便。而李经理提出了不同的意见，认为现在之所以要考虑换新的办公室，就是因为公司要扩大规模，不仅仅是办公室场地要增加，为了达到资质升级，我们要拥有甲级资质所要求匹配的实验室面积，我们必须要考虑我们现在所处位置的房价，这样高于城市周边或郊区几倍的地价会让公司财务非常吃紧。

两个人在摆出了自己的看法却不能成功说服对方后，李经理的声音突然就大了起来："张总，你不考虑公司的财务会否赤字坚持将公司选址在城市中心，不是为员工上班方便是为了你自己吧？谁不知道目前你住得离公司最近？"

"你胡说什么呢？你的意思是我有私心？"张经理未等李经理话音落下，人就站了起来，于是两位有地位有分量的经理就吵了起来。而员工们吓得大气不敢喘，也不知道该不该劝架。

而本来张、李两位经理只是讨论新办公室选址问题，却扯到是不是有私心这种人身和名誉等攻击性上来了。

再比如周姑娘和黄涛这对小情侣，因为没有提前预订酒店。

周姑娘："你看，我早就说过国庆节期间哪儿哪儿都是人，让你提前把酒店订着你就是不订，这回好了，我们大包小包地跑过来，难道要睡大马路？"

黄涛嘟囔了一句："这城市也不是旅游城市，酒店也多，谁想到今年会这么多人过来。"

"有没有人过来你要是提前把酒店订了不就没现在的事儿了？我反正是走不动了，你自己问（酒店）吧。"

"哦，你嘴巴一张就都是我的事儿，这次出来玩，规划路线，查旅游景点，订票哪件事不是我做的？你什么都不做就会指责人，你早知道，你早知道你怎么不先把酒店订了？订个酒店这种事儿非要等我做吗？你就光有一张嘴！"

周姑娘一听，顿时火冒三丈："我就一张嘴？我说过你要是不订我就来订的话没？是谁说不用急，酒店多的是，还说什么现在一些订票软件就是杀熟，在软件上订票比酒店直接订价格高的话的？"

"好好好，都是我的错行了吧！这次就不该好心带你出来玩儿！"

"是是是，不该带我出来玩儿，你自己出来玩儿，你带你小三儿出来玩儿行了吧？我算是看清你了，控制欲又强，又大男子主义，自以为是，听不进人言，行，这酒店我不住了，我这就回去行了吧！"说罢，周姑娘拎着自己的行李就走……

你看，本来只是因为没有提前预订酒店导致他们现在暂时没有安身之处这件事儿，上升到一个只有一张嘴啥事不做，一个是控制欲强等人身方面的攻击不说，这回搞不好还闹个冷战、分手啥的。

总之，他们吵到最后已不是吵如何解决新公司选址或住宿这个问题本身，而是情绪的一种宣泄了。我们在争吵时，总是认为对方不讲道理，却没有认识到，不是道理的问题，背后真正起作用的，是情绪。所以，当道理讲不通的时候，就不要讲道理了，那就讲情绪吧。在没有情绪的情况下，好像道理都是能讲得通的。

当双方的注意力从事件本身转移到互相攻击时，他们双方都忘了吵架的“初衷”，他们不是试着在解决问题，而是在争谁对谁错，谁该服从谁。都想吵赢对方，成为那次争吵的赢家，而最终，大家都成了失败者。

当情绪控制我们的理智，相互指责就往往是冲突的核心模式。

妻子指责丈夫，老板指责员工，生意伙伴指责竞争对手……指责，通常会在对方心里激起愤怒或羞愧的情绪，因此会引来对方的反击，然后反击者的话语亦会遭到指责者的反击，周而复始，无限循环，以至忘记了要解决的事件本身是什么。

把责任都推到对方身上，这种做法本身就很诱人。

指责这件事，能让我们自己感到无辜。

是谁造成如今局面的？是谁先引出事端的？要不是他这样做，这件事能发生吗？要是你早听我的，会像现在这样吗？

指责别人，让我们感觉自己高人一等，让自己感觉自己领先于别人，能想到别人所不能想，预料到别人所不能预料，指责，会让我们觉得自己才是对的一方，正义凛然。即使在心里残留了一点罪恶感，也会在指责的快感下，很快被淹没。

然而，当事件已经发生时，责备是谁的责任更大造成了如今的局面已经毫无意义。而争吵，也没有绝对的赢家。

当然，前面故事中的周姑娘为了让黄涛长记性，她在那种情况下只嘟囔一两句，二人还是不至于吵起来的。但嘟囔也好，叹气也好，一两句之后就不要再说了，而是应该想想确实可行的办法，与黄涛一起查查还有哪些酒店可住才是上策。

而张李两位经理在公事上有意见分歧却上升到人身攻击上，实在是不明智甚至是愚蠢的。哪怕李经理所说的是事实，张经理一再想选择在城区是出于私心，也不该以争吵的方式表达出来。古人说得好，“极怒时莫与人书，极喜时莫与人物”，意思就是说，当你生气的时候不要给人写信（古人骂人也用写信），因为生气的时候智商为零；高兴的时候不要随便答应别人这个给你，那个给你，等冷静下来你会肉疼会后悔。我相信事后，主动攻击他人的那位经理肯定会后悔。

要想解决好“双方”的问题，首先要从“自己”开始，而不是在对方身上找原因。

心理学上的ABC原理，即认知模型告诉我们，A表示这件事；B表示你对这件事的一些看法、解释；C表示自己产生的情绪和行为的结果，即压力状况。

很多人穷其一生都在试图改变A来改变C，但其实真正要改变的是B，即你对这件事的看法和解释。我们总以为苦恼是由他人引起的，当你曾预料到的坏结果确实发生了时，很多人只认为自己是毫不相干的旁观者，然后把责任一股脑儿盖在对方头上，但其实并不代表你毫无责任。在这种情况下，如果你先学会控制自己的情绪，把饱含着责备甚至讥讽意味很浓的话憋回去，而先从自己身上找原因，把“我早说过”改成“来，我们一起想想办法”，把吵赢这场架这件事，变成我要赢得TA的心，我要赢得和平解决意见分歧这件事。生气是为了找到一个理由说这事怪他，并且不由自主地想要伤害对方，或者自认倒霉。

正确的心态应该是就事论事，有事就解决问题，而不迁怒于别人。责怪别人不会帮你把事情做好，反而会走向更坏的情形。

想象出来的悲伤，只能靠自己拯救

曾经有个农妇，不小心打破了一个鸡蛋。这本来是一件再平常不过的小事，可是，农妇却觉得自己遭受了巨大的损失，并沿着这个思路往下联想开来。她想到：如果这个鸡蛋没有被打破，经过孵化就可以变成一只小鸡，如果孵出来的是一只母鸡，母鸡长大后又可以下很多的蛋，那些蛋又可以孵化成很多鸡。而鸡又会下很多蛋，这样不断累加下去……最后，农妇痛苦地大叫一声："天哪！我失去了一个养鸡场。"

农妇不过是打破了一个鸡蛋，然后在她的想象之下，她的损失被她成千上万倍地放大。这则故事的出处已经不可考，很多人看过这个故事后，都会一笑了之，或者"哧"一声，暗道：什么狗屁故事，编得也太离谱了，现实中哪有这样的人！

真没有吗？

真的有！而且多得很！

比如某天你先生出差在外，某个你认为他一定在宾馆休息的时间，你打电话过去，他匆匆忙忙跟你说了两句就挂断了，或者说话有点支支吾吾的，你会怎样？

相信很多女人此时都会想：为什么他那么快挂了我电话？这个点他不应该在谈事情啊？为什么他说话支支吾吾的，难道房间里还有别的人？

什么人呢？这个就不用我多说了，肯定是女人啰。至于这个女人是男人的情人还是临时找的失足妇女已经不重要了。重要的是他居然背着我偷人！

哇，好一段脑补情节之后，女人彻夜不眠甚至想着要是离婚了孩子跟谁过，尚算正常，搞得不好有些"行动派"的女人已经订了机票，追向先生的城市了。

我说得夸张吗？或许有点，那我再说个不太夸张的。

我表妹，去一家实力很强的公司应聘（我们判断一个公司是强是弱并不仅仅是什么全国或全世界排行榜，而是根据自己的实力判断的。如果认为自己的实力超过了应聘的公司，那你绝对不会认为这家公司很厉害）。在递交了简历表及做了简单的自我介绍后，我表妹跟我发信息：姐，我觉得我没戏了。

我：怎么了？

表妹：那个面试官只把我的简历瞟了一下就放旁边了，而且我从进去到出来只花了不到五分钟，而我前面的面试人员时间都比我的长，而且，我觉得我有句话说得很不妥，也就是说完这句话后，就让我出来了，所以……

我大概询问了下面试官都问了些什么问题，表妹又是怎么回答的，然后跟她说：你想多了，你回答得挺得体的，你就安心地等消息吧，不要西想东想的。

表妹安静了一小会儿，又发来了信息：姐，我越想越觉得我那句话说得不妥，你看，这样理解也行，那样理解也行。面试官会不会认为我为了应聘成功在诋毁前公司从而对我印象不好哇！

我说，不会的，在他的那个问题之下，你的回答不会产生什么歧义的。

可是表妹已经在手机那边急得哇哇叫了……

我表妹其实不是我的真表妹，她只是代表了所有喜欢把事往坏的地方想的人，那些根据蛛丝马迹就认为女友是不是出轨了的人，男人是不是不要我了的人，公司是不是要裁掉我的人，事情是不是被我搞砸了的人，生意是不是要黄了的人……

在成人的社会里，我听得最多的一句话，叫“活得真累”。

生活真的很累吗？我不敢贸然否定，但我知道，很多情况下，一个人的心态决定了一个人的生活态度。

要知道，人是受暗示性影响的生物。所谓暗示性，系指个体接受暗示的能力。接受暗示是客观存在的一种心理现象，但是在这种正常的心理活动中，由于个体差异的存在，即使在相同的暗示条件下，每个人接受暗示后的感受和表现有明显的不同。

乐观的人，他们对待每件事、每个人的想法都是积极向上的，他觉得他的人生、他的未来也是充满了期待的。而悲观的人则相反，他们总习惯于把事情往不好的方面想，越想越难过，越想越悲伤，从而认为自己活得比别人都艰难，活得比别人累。

或许，我没办法让一个悲观的人变成一个乐观的人，但是，我觉得至少为了让我们觉得生活更美好，我们也应该努点力把你看待事情的角度换一下。假如前面例子里的故事真的都是朝不幸的方向发展的，我们再面对不迟，又何必在事情没发生之前，就因为自己的想象，然后让自己此时就开始面对不幸了呢？

当然，如果你觉得你仅仅只是喜欢脑补一些不好事件的悲观主义者，似乎也没什么大不了，人嘛，本就有悲观主义和乐观主义之分，盲目悲观虽然不对，盲目乐观也未必对。

如果你这样说，我还真反驳不了什么。

但是，假如你是武志红所说的那种人，你当真认为盲目的悲观就好吗？

我记不得在哪里看过武志红写的这样一段文字，说有位女性因为家暴离婚了，刚开始，大家对她的遭遇挺同情的，都一起痛骂那个家暴男。后来，这位女性再婚了，再婚对象性格温和，态度有礼，对女人挺不错的。可是最后，他们的婚姻还是走向了尽头，离散的原因还是因为男方家暴。

为什么会这样？

武志红给出了答案，因为这位女性在婚姻的过程中有些小毛病，比如爱责备、爱抱怨。如果仅仅只是这样还好说，谁还没点小毛病呢。但最大的问题是，但凡当她责备再婚老公时，老公是不能有任何反对的声音的，否则这个女人就会说：“我就知道你跟我前夫一样想打我！”“我就知道你是会打我的！”“你打我呀！你不就是想打我吗？”（与武志红的原文应该有差异，大概是这么个意思）这位再婚女人一次次脑补出丈夫会打她的场景，然后一遍遍暗示男人，你可以打我，你打我呀，你最终会打我的！

哦，My God，这样的女人，我不打你似乎都天理难容了！

心理学中有个墨菲定律，说：如果事情有变坏的可能，不管这种可能性有多小，它总会发生。与之相反的有皮格马利翁效应、罗森塔尔效应、期待效应等，这些都是教我们凡事多往好处想的意思。

虽然说凡事往好的方面想不一定会实现，但想得美总比想得都不美来得好。

人有七情六欲，而悲伤，是人类情感中不可或缺的一环。但我们只要在该悲伤的时候悲伤，在不该悲伤的时候就不要把他们想出来、勾出来吧。因为幸与不幸，该发生的还是会发生，何苦让自己在一切未发生，甚至不可能会发生的情况下，凭空伤悲！

和解的方式有很多种，别钻理论的牛角尖

当我开始写这本书的时候，电视剧《都挺好》还没开始播。

当我这本书写到刚好一半的时候，《都挺好》大团圆结局。

说实话，这部电视剧我一个镜头没看过，但或许是因为这部剧拍得太好了吧，网上的推文太多，以至连我这一个镜头都没看的人，也知道了这部剧的内容梗概，我大致在这里说一下：

女主角苏明玉有个重男轻女且强势的母亲（已去世），一个懦弱自私的父亲，一个要面子的大哥，一个啃老吸血加家暴的二哥。

苏明玉在这样一个妈妈不疼哥哥不爱的家庭长大，成长为一个自立自强的职业女性。

在这期间，她为了两个哥哥花了两百万（细节不知）。

故事的最后，苏大强（苏明玉父亲）得了阿尔茨海默病，就是俗称的老年痴呆，而苏明玉的两个哥哥因为客观原因都去了国外，得了病的父亲就只能也必须（父亲的强烈要求）由留在国内的苏明玉赡养了。

电视剧里的苏明玉是愿意赡养父亲的，因为编剧给观众的理念就是唯有放下心中的恨与怨才是和解——与自己的父母和解，从而与自己和解。

虽然在这部剧刚播的时候就有很多声音说结尾千万不要大团圆，但当真正的大团圆结局一出来，网上还是感动声一片的，说这个结局是最好的结局。更有心理咨询师发推文，说这样的结局就是真正的与自己和解。

当然，也有反对的声音，说人本主义心理学提倡的是发挥自己的潜能，苏明玉在这样的家庭下长大，受到那样的待遇，相对来说小说原著所写的结局更符合逻辑：苏明玉把苏明成送进了监狱，出狱后的苏明成不知所踪了。而苏大强，依然和蔡阿姨一起过日子，也没有清楚地认识到自己的错误，依旧不改自私的本性。

而苏明玉并没有回归家庭，只是放过了自己。

作者感叹："亲情是捡不回来了，大家淡淡如水地交往吧。她不寄予厚望，也不恨之入骨，该怎么样就怎么样，别把自己搭进去就好。"这才是真实的人生。所以，电视剧给出的结尾纯属狗屁，这将会害了很多类似"苏明玉"的人，让他们以为只有努力提升自己，努力赚钱，然后为家里付出一切，最后与父母和解了才能最终与自己和解，并推出了人本主义心理学创始人马斯洛的故事来。

马斯洛就是典型的不与母亲和解的代表人物，他连母亲的葬礼都拒绝参加，因为他认为母亲是变态，而他自己又不是变态，他又没有斯德哥尔摩综合征（斯德哥尔摩综合征，又称斯德哥尔摩症候群或者称为人质情结或人质综合征，是指犯罪的被害者对于犯罪者产生情感，甚至反过来帮助犯罪者的一种情结），所以他不可能去感恩母亲或与母亲和解。但这些依然不妨碍马斯洛成为美国最著名的心理学家之一。

当然，为了说明编剧脑残不懂心理学，反对的声音不会仅仅只拉出一个人本主义心理学的马斯洛，他们还会拉出其他的理论，比如精神分析学派认为一个人要成熟，必须要经历精神上的弑父弑母等。

在当我刚知道电视剧的大团圆结局时，说实话我也是站在反对这一边的。

因为与父母和解就是与自己和解，这本就是偷换概念的事。而一个如苏明玉般长大的人是不可能真正与父母和解的，但是，他们可以学会放下。

反对派之所以反对电视剧的大结局，大概是因为觉得放下不叫和解。从心理学的角度来说，放下确实不叫和解，所以在最初我也是站反对这种结局的一边的。但某一天，我突然就想通了，什么叫真正的自己与自己和解？难道放下就不叫自己与自己和解吗？

其实，不管苏明玉是否真的能够原谅父母，只要她愿意放下那些怨与恨，我说的是真心放下，属于真正的云淡风轻。比如小说原著中作者给出的结尾，是大多数反对派的声音，认为这样的结尾才是合理的。单说合理，似乎小说中的结尾确实更符合人性，但是小说的结尾又有谁能说那不叫放下？

“亲情是捡不回来了，大家淡淡如水地交往吧。她不寄予厚望，也不恨之入骨，该怎么样就怎么样吧。”这不就是典型的放下吗？

当你学会放下的时候，又有谁能说那不是自己与自己和解了？

所谓的和解到底是什么？

是死活不肯承认母亲的马斯洛，也是电视剧里与父亲一起过年的苏明玉！

不管你原谅或不原谅父母，真正的和解是不为难自己，是禅学里告诉我们的放下与不执！

有人说，科学的终点是神学；还有人说，心理学的终点是神学；对于这些话，我不能言对也不能言不对，但是我知道，我们的老祖宗“老子”“庄子”他们不但是我国最早的哲学家，也是我国最早的心理学家。他们早早参透了什么叫和解。和解不是你闭上眼睛，幻想你在一幢房子里，这里面有你的爸爸、妈妈、哥哥、姐姐，你向前一步走到你母亲面前……不是这些！虽然高超的心理学家通过各自的方法确实能治疗一些来自童年的心灵创伤，但是当我们真正理解老庄所说的放下的时候，这些心病，就能不治而愈。

纠结于理论的心理学家，如果面对苏明玉这样的人，我有理由相信他们会把只是有心结但并没有心理疾病的苏明玉治出心理疾病来。

所谓尽信书不如无书，理论的牛角尖也是不要钻的好。不管是哪种放下，只要放下，就是和解。

来路不由己，至少前路还可期

理想没有太大意义，怎么去做，才更有说服力

关于“人要不要有理想”这个话题，我还是站在“有”这一边的。因为我觉得，理想其实就是目标的终极点。而我们想作为一个有意义的人存活于世的话，没有目标是不可行的。但站队归站队，我自己偏偏是那个没有理想的人。

小的时候我就问过我自己，我的理想是什么，长大后想成为什么样的人？我的答案是：不知道。

但岁月不会因为你没有理想而停留，不知不觉中，我已经步入中年。当我再次问自己这个问题的时候，我依然没有答案。

我突然有点震惊，难道我这么多年就是浑浑噩噩地过来的？

答案是：不是。

也许，终极的理想我是没有过，但小的目标我一直有。比如什么时候毕业，什么时候结婚，要怎样为工作努力等，这些小的目标我一直有，并且也一直在为之而努力并实现着。

于是，我再次明白，理想，有，固然是好。但没有，也没有太大的影响。怎么做，怎么去实现你的一个个小目标永远胜过于定一个高远不可触的理想要有意义得多的。

比如我一个朋友的儿子，十八岁。年龄不算大，但从法律上来讲，儿子已经成人了。

我朋友跟我聊起他这儿子，是一脸的无奈。

这孩子在读高三。

我们都知道，在中国，高考对于一个家庭意味着什么。而我朋友的儿子成绩属于努力一下，就能进 211 院校，放任一下，就掉到一本线的这个水平。

从家长的角度来说，希望孩子在最后一年稍微努点力，能进 211 线更好，即使进不了，也至少读好一点的一本。可这孩子偏偏在高三下学期开始捣鼓电脑，用他的话来说，自己要学习软件编程，将来当个计算机高手。

理想是好的，朋友夫妻俩也赞成儿子的这些想法。但还是希望他现在把精力集中起来放到学校课本上，这样就能考个好的学校，读他想读的计算机专业了。

孩子的理由一大堆，诸如我现在玩电脑不代表我没学习（事实上他的考试成绩难道父母不知道？）；要么就是好的学校不一定能培养优秀的学生，而我即使进不了好学校也不一定就不成才；更是拿出比尔・盖茨中途退学创业的例子来为自己找理由……

朋友夫妻俩给孩子怎么讲的道理，想必不用我多说什么，大家也知道这孩子的问题出在哪儿，也大概能明白我讲这个例子的原因是什么。

理想，不因你想而实现，也不会因你的年龄走到那个位置就实现。理想是需要你把它分解成一个个小目标，然后一个个去完成的过程。这就像一个坐标轴，你现在的位置是 0 点，你的理想是 100，当你从 0 至 1，至 10，至 50……这样一步步去走，一直走到 100，你的理想就实现了。

我朋友的儿子属于画个坐标轴，人站在 0 点，眼看着 100 点，就以为自己已经站在 100 点了一样。

而我知道的另外一种人则属于坐标轴上没数字的那种，看不到自己的 100 点在哪儿。但至少，我们知道顺着自己的坐标往前走，当我们每走过一定距离时，脚后才会出现数字，5，10，20，50……虽然我们依然看不到我们的 100 点在哪儿，但我们一直在前行。

我最近知道了一个自称王村村（不知道是他真名还是网名）的年轻人，非常吸引我。

这个王村村自嘲是个无聊的人（无聊的人应该是没什么理想的人吧），但是他在把“无聊”做到极致的时候，我发现他的人生要比很多人“有聊”得多。

我们先来看看他是怎么无聊的。

比如他花了六个小时，知道了一碗大米大概有 16250 粒；他还数了一颗草莓上平均有 289.2 颗籽；他还给一个手机贴了二百层膜……他还给这种无聊下了个定义，叫“古典主义无聊”。因为这种无聊就是吃饱了没事儿干吗。

于是，他开始给他的无聊升级。他用搬走的邻居留下的一束棉花（邻居为什么给他留下棉花我就不多说了）弹了一床“棉被”从图片上棉花的量，及弹好的“棉被”图，我推测那“棉被”大概六平方厘米。做完这些不算结束，为了收藏他的“棉被”，他买了一个条形码打印机和一个扫码枪，然后就像超市一样，他给他的“棉被们”建立了一套完整的仓储系统。

他觉得相比于之前的古典主义无聊，现在的无聊似乎多了一点现实意义，于是，他给他这个阶段的无聊定义为“现实主义无聊”。

后来，他又把浴缸砸了建了个 1.5 平方米的游泳池，只因为实现他想去马尔代夫游泳的梦想。再然后，他在他的泳池里种上了水稻、蔬菜；用废电脑 CPU 提炼黄金，用玻璃瓶底打磨钻石，测算让一头猪飞上天要多少个气球等。

你知道我在看这篇故事的时候笑得有多开心吗？一边因为他的无聊太逗乐了，一边又觉得他将生活活出了真谛。

理想是什么，他或许不知道。

生活是什么，他或许也不知道。

但我们都知道，他活得很认真，很快乐。用他自己的话来说：在无聊这个过程中，改变了很多我对世界的看法。我有时候觉得，任何一种东西或方式，都能成为我们走向未来的驱动力。可能每个人都可以找到适合自己的那种方式，我恰好选择了无聊而已。

所以，关于理想，我尽管依然还是站在“有”的方队，但没有，真的也没什么关系。关系是，你怎么去做，才更有说服力。比如我现在的小目标就是高质量地完成这本书，然后这本书能够好卖并畅销。至于未来，我是否成为名家我从未考虑过，做好当下已经足也。让未来，留给未来吧。

你在意的，不过是你介意的

最近，发生在我儿子身上的一件事让我对人性又有了一点新的理解。

去年春节回公婆处过年，小姑子指着我儿子破了一个大洞的运动鞋大笑：“这大过年的，你怎么穿了一双破了洞的鞋回来。”

儿子笑了笑，淡淡地说：“这鞋子穿着舒服。”

自己的儿子自己了解，他还远没到世故的年龄，他的回答不过是最真实的想法，也是最简单的回答：这双鞋确实是穿着舒服。

我儿子对于她姑姑的“嘲笑”为什么不介意，是他活通透了吗？

怎么可能！

他不过是一个才十几岁的少年，正是好胜和要面子的年纪。

他不介意，不过是他有！

是的，在家里，他拥有很多双耐克和阿迪达斯的运动鞋，这些鞋有的只试穿了一次，就放着了。当他不缺运动鞋，也不缺名牌运动鞋时，他就不会介意自己脚下穿的是什么牌子的鞋，也不会介意他是不是已经破旧了，他介意的，只是这么多双鞋子里，只有脚上这双穿得最舒服。所以，他也不介意别人是如何嘲笑他了。

但我同时又想起一件旧闻：从农村考入大学的某农村孩子，因为自身的贫穷，不喜欢跟同学交往，与同寝室的同学也相处不好。当偶尔有位室友说他不注意卫生，身上有异味时，他认为这个同学是瞧不起他，于是恶向胆边生，将这名室友给残忍杀害了！

也许，这个被杀的室友并没有嘲笑他的意思，只是讲了一个事实，他身上有异味，希望他能注意下个人卫生。如果这事儿发生在一个不因自身家贫而自卑的人身上，他可能压根不会多想，最多会有点无奈：唉，我身上有异味我也不想啊，我一天也是洗了好几次澡的。至于去杀人吗？

同理，如果我的儿子因为父母的贫穷而买不起新鞋子、名牌鞋，而只能让他穿这双破了一个洞的运动鞋回家过年，遇到他人如此嘲笑他时，他会如何面对？

他还会云淡风轻地一笑，说这双鞋穿着舒服吗？他大概要么愤怒得大喊大叫，说要你管；要么马上脱下鞋子要求父母必须给他买双新的名牌鞋，否则他怎样怎样；要么是自卑得躲起来，不敢见人吧！但不管是哪种，他绝对没有前面的那种云淡风轻了。

这又让我想起前几年，苹果手机在中国还很盛行的时候。每当新的苹果手机上市，总会形成这样两种阵营：一种提前一天就排队甚至睡睡袋里只为抢新手机的；一种是表示得很不屑，认为拿苹果手机的人都是“装有钱人”的。

这两种人，哪种是活得通透的？

要我说两种都不是。

真正活得通透，活得单纯的人，他们不会介意手机是不是刚上市，是不是什么牌子。他们介意的是，我是不是需要换手机了，而我之所以换苹果手机不换别的手机，是我确实觉得它的系统相对于安桌系统的手机更好用。

如此而已。

哪有那么多花花肠子？

买刚上市的苹果手机就是为了炫富？

没有，我不过是恰好需要换手机了。

真的富有用不着炫你们都知道的，比如马云说他穷，连八十岁老太太都要笑掉大牙。

同理，买手机也没必要提前一天去排队，你若真喜欢，一个月后它也没下架，你晚一个月拿到手里，也影响不了你对它的喜爱。没有必要把事情搞得那么复杂。

当你把那些多余的念头和想法去除后，你会发现，你会活得简单得多，幸福得多。

看电影《寻梦环游记》，里面表达了这么一个人生活哲理：

人的一生有三次死亡，第一次，是断气的那一刻，从生物学角度来说死亡；

第二次，是举行葬礼的时候，这一刻你的身份将会在这个世界上被抹除；

第三次，是这世界最后一个记得你的人死亡。这一刻将是真正的死亡，从此不会有人知道你来过这个世界。

当我看到这么一段对白时，我被大大地震撼了，尤其是第三次死亡！

我想，假如，即使我是生物意义上的活着，但这世上没有一个人认识我、记得我，我是死了还是活着？

又或者，我们只有被人注意到，看得到，我才是活着的？

这个哲学问题太深奥，我有点想不明白。

但我知道有一点，那就是平凡如我们的每个人，不管他是什么样的性格，或热闹或冷清，或合群或孤僻，他，还是在意别人是怎么看他的。

只是很多人不知道，或没有意识到，他们在意的是什么，往往不过是他没有什么，他以为别人介意着，其实只是他自己介意着而已。也许别人压根儿都没注意到。

与其被社交烦恼，不如精简你的交际圈

无意中在《三联生活周刊》中看到这样一段文字“你房子都均价五万了，为了省几十块钱，双十一、双十二，网购半年卫生纸囤着，图啥呢？”然后告诉读者，该扔的杂物，不要舍不得，扔掉；浪费你时间的人和事，扔掉。把你的时间和生活重点用在你觉得重要的人和事上面来。

文章在后面的叙述里多是该如何简单生活的案例，诸如，某某高管放弃年薪上百万的优渥的生活，去乡村耕种；某留洋博士拒绝国外的高薪挽留，选择回国在家做手工皂等放弃一些世俗认为需要获取的东西，去追求内心最美好、最想要、最简单的生活。我深以为然。但文中的案例人物，无一不是高级知识分子或在某一方面已经有所成的精英，他们不管是在放弃一些东西之前还是之后，本就过着让你我这样的小老百姓仰望的生活，并不具有一定的普遍性及代表性。

我不是什么高级知识分子，我也不是某一方面的精英，我和你一样，是一个朝九晚五的上班族，偶尔也会为猪肉贩子少给我

二两肉吵吵架，为某人出门忘关灯浪费了一天电而生生气。所以，我想写写我这种每个月只有几千元工资的普通人，该如何处理生活中的“杂物”。

所谓魔术在未揭开谜底之前很神秘，但你一旦知道答案就会发现，原来如此简单。同理，如何清理生活中的“杂物”？答案就是四个字：“学会拒绝！”

当你学会拒绝同事的不合理要求，当你学会拒绝家人的一味依赖，当你学会拒绝把时间都浪费在刷朋友圈上，当你学会拒绝那些人情推销，当你学会拒绝讨好别人，当你学会拒绝消耗你的人……你会发现，你的生活就像刚刚做了个大扫除一般，变得自由而明亮起来。

但道理是这么个道理，虽然有些人还分不太清哪些是需要拒绝的人或事，但即使能分清的，也因为舍不得或拉不下面子而采取了妥协。这正如你衣柜里那件花大价钱买来的，却因为过时了，或不合身等原因，而从来没穿过的外套一样，你知道你该把它从衣柜里清理出去，却一直舍不得。

如果说物品，我们明明知道应该把它清理掉却没清理是因为舍不得，那么，那些消耗你的人或事，则是因为你放不下面子，而没有被你清理掉。

比如你以前只用 A 牌子的护肤品，但某一天，你那个只有点头之交的旧同学突然做起了化妆品生意，当 TA 亲自向你推销 TA 在售的护肤品时，你会出于情面或碍于面子，买下一堆你根本就不会用的护肤品。

比如你正在搞一项艺术创作，也许是在谱写乐曲，也许是一个艺术雕塑时，你的某个好友或亲人或同事打了电话，或发 QQ、微信什么的进来，与你杂七杂八聊些你压根不感兴趣的事。你多想对方快点结束话题，因为谁都知道艺术有时就是那么奇妙，它灵感的迸发也许就是那么一瞬间，一旦你没及时抓住，它就会消失不见。但是，对方却在你给予了暗示后，也没有停下来的意思时，你是否因为拉不下面子，还在与对方继续？

再比如，你已经计划好周末去泡个温泉，或是宅在家里看一天书，也有可能是逛下街购下物，但你的某个亲戚或好友突然登门拜访，或者他有什么事，需要你到他那去帮下忙等，让你心不甘情不愿却又不好拒绝的人和事，是不是经常在你身边发生？

为什么你还是不能或直接或委婉地拒绝他们呢？因为拉不下脸面。

在民间流传着一句话，叫作“死要面子，活受罪”。大意是说，我们中国人往往可以为了脸面而忍辱负重。宁可自己吃大亏，吃闷亏也要在面子上过得去。似乎这样就使自己在周围的人中有尊严，被人看得起。其实这样做的结果很多时候会使人不得不放弃为人处世的一些需要坚守的原则，而失去了原则得到的面子可以说是一文不值。

那么，为什么继续答应呢？这是因为人都有个心理定式，总是认为拒绝表示漠不关心，甚至自私，害怕令别人灰心。此外，还害怕被讨厌、批评，损害友情。有趣的是，拒绝的能力与自信紧密联系。缺乏自信和自尊的人常常为拒绝别人而感到不安，而且有觉得别人的需求比自己的更重要的倾向。从心理层面可判断，不懂得适时拒绝的人缺乏自信。

另外，童年的影响也很关键。很多人从小就已形成信念，觉得只有顺从和帮助别人，才能变得可爱，才够朋友。正是由于觉得自己要成为一个取悦别人的人，他的自我价值的体现变得依靠为别人做事。这样就会形成恶性循环，使得周围的人都希望他随时随地在他们身边，为他们服务。

当然，这些该拒绝掉的，消耗你的人和事也不仅仅来自外部，还有你自己给自己制造出来的。比如：把该用来学习的时间用来看手机了；把该用来与伴侣沟通的时间用来玩游戏了；把该用来陪伴亲人的时间用来加班挣钱了……

因为不懂拒绝，我们的生活往往身不由己，陷入一团混乱。是时候该想一想你到底想过什么样的人生了。然后，顺着你的这条主线往前走，把不必要的杂线和打扰到你的花花草草尽量清理掉！

眼下的无用，或许都是未来有效的投资

十几年前，我一女同事约我一起考驾照。

我当时挺犹豫，心想我们家又没车（那个时候私家车还没普及，压根儿没想过自己家后来会拥有两辆车），我考驾照有什么用呢？办公室离我住的地方步行只用十五分钟，也用不着开车呀。

同事当时也许只是为了拉我做个伴，使劲给我做功课："你现在没车，也许以后有了呢？"

"可是我老公会开车呀，就算将来我们家买车，能买一辆了不起了，哪会买两辆啊？"我继续质疑。

同事也继续劝我："就算只买一辆车，万一有什么事需要你开车呢？哎呀，有驾照总比没驾照好，你现在跟我一起去考还有个伴，要是将来想考了，谁给你做伴？"

你还别说，女人干什么都喜欢有个伴，就这么点小理由，还真说动我了。反正驾校离公司就一墙之隔，中午没事就能去练下车。于是，我就去考了。

让我没想到的是，我拿了驾照仅仅三年后，我就拥有了自己的车。对，不是家庭共用的，我独自用，用来接送儿子！

我们谁也没想到几年后我们会搬家，而儿子的学校离新家直线距离虽然不算太远，但因为我们搬到了新小区，没有直达公交。

儿子如果想靠坐公交去学校，步行加转车，单程时间得花近一个小时。而开车只用十五分钟左右。

我先生说，这还想什么，买车呀。孩子早上如果能多睡四十分钟，这车买得得多值，买，反正你有驾照。

我当时一阵唏嘘，说实话，学车的时候我真没想过三年之后，这技术就用上了。当时要不是想着闲着也是闲着，跟同事一起考个驾照就考吧的心理，为孩子上学的事我们真得发愁（先生的工作性质不能保证每天能接送孩子）。

我听说现在的大学生但凡有点追求的，基本上都是考证一族。只要是专业内的证，甚至不是专业内的证，能考的都会去考，比如我们单位新来的小姑娘就还有个教师证。用她的话来说，有证总比没证好，说不定哪天就用上了呢？

是呀，我们都没有预测未来的本事，谁也不知道未来会用到什么不用到什么，但拥有的技能越多，选择的机会也就越多。

我一个朋友的孩子，今年刚读高一。

前几天期中考试分数出来了，很不理想。于是朋友不免也要念叨孩子几句。

结果那孩子说："分数分数，你们大人就知道分数。我分数不行不代表我别的方面不行。"

这句话听着挺鸡汤也挺有道理的，但且慢。

我朋友说了："是呀，如果你分数不行在别的方面行也成啊，问题是你音乐、美术、体育、物理、化学、写作、计算机等方面，你有一门比别人优秀的拿得出手的吗？你妈我也是受了十六年教育的知识分子，也知道这年头不是唯分数论。但社会是现实的也是残酷的，我只问你，以你目前的分数能不能考上像样的大学？考不上该怎么办？你将来拿什么养活自己？"

都说知子莫若母，其实我这位朋友并不是那种看不见孩子长处的人。但她实在也是太了解自己的孩子了，说的话很在理。

她还有一句话没敢跟儿子说，那就是这孩子情商并不高，既没有一技之长情商又不高的孩子，读书，可以说是唯一的出路。他们家也没有足够多的钱让他当个啥事不干的富二代。

“我考不上大学就考不上。等我长大了，我去做生意好不好！”孩子甩给了他妈妈一句话，气鼓鼓地要走。

我那朋友追在后面加了一句：“长到多大才算大？昨天让你下楼贴个自行车转让的广告，说自行车卖出去的钱都给你，你都不去贴。这么好赚的钱你都不赚，难道长大了就一下子会做生意了？”

话没说完，孩子已经跑了。

是呀，这孩子已经高一了，到底要多大才算大，他嘴里的大是什么时候呢？是不是一到他所谓的长大的年龄，那技能就一下砸到他头上了，他就能召唤神龙了？

而且，虽说什么时候努力都不算晚，但张爱玲都知道，早点努力肯定好过将来努力呀！

其实不光孩子是这样，很多大人也是这样，他们老说等我将来风光了怎样怎样。

可是当你问他们，你既然有这么宏大的梦想为什么不努力的时候，他们会振振有词地说：“你以为你努力了，就一定会成功吗？如果所有的努力都会成功，我早就跟马云一样了。努力奋斗真的能实现梦想吗？那都是哄小孩子的。”

“既然实现不了，为什么还要劳心劳肺地去努力呢？人这一生中是否有一个节点，通过努力就能打通关节，然后过了之后一切都会好起来？答案是否定的呀！那我还不如该吃吃该喝喝该玩玩，反正现在日子能过就将就着过呗，享受当下才是人生的最高境界嘛！”

听上去好像很有道理的样子，但这个不思进取“万念俱灰”的逻辑，叫作替自己找借口。

大概所有的努力、坚持、奋斗、梦想、付出都是太经不起推敲的词，它们加起来永远都不如当下的快活来得实际。

不知道有多少次听到类似的话：

你那么努力学外语有什么用，好像真有机会出国留学似的；你天天健身有什么用，好像瘦了就能当上演员似的；你那么努力工作有什么用，好像这公司是你开的似的……

说这些话的人，往往是有一定阅历、有一定人生经验，甚至也曾经努力过的那群中年人。他们往往用一种看破红尘的语气教导你：老天早有安排，所有的努力都是骗人的，还不如尊重内心及时行乐才是尊重自己。

被教导的这群人往往是即将踏入社会或刚踏入社会的年轻人，他们本来就对未来没信心，被这样的成年人以“我是过来人”的经验一教训，更是心里没底了。

于是有的人觉得对方说得好像是那么回事，原来自己这些年都被老师和家长给骗了，白白“浪费”了大好青春。

有的人尽管觉得对方说得不对，但他们也一时找不到合适的例子来反驳那些谬论，只好在嘴上硬撑着，说一切的付出都会有回报，但也不免在夜深人静午夜梦回的时候偷偷叹一口气。

唉，他们说得对不对？自己的坚持对不对？

确实，不是所有的付出都会有回报，不是所有的梦想都会实现。但若是你把梦想当空想，从来不付诸行动，从来不为之努力，就肯定不会实现。

也许你学这些外语最后并没有机会出国留学或工作，但它无形中丰富了你的人生，让你的思想和视野变得更开阔。

也许你健身并当不了演员，但它让你的身体更健康体形更完美。

也许你的努力没能让你升职，但它让你熟练了业务，成为该行业的一把好手……

所有的付出不一定都有回报，所有的梦想都不一定会实现，但在你努力去实现梦想的过程中，你才是真正享受了当下。

这是一种积极进取的有意义的当下，而不是所谓混吃等死的当下。

人生经不起太多的深思与细想，人生也经不起太多的浪费和颓废。

年轻人们，没事别刷微博和朋友圈了，去看看书，去健健身，去交交友，去好好工作。最好的当下是让每一天都活得有意义，最好的理想不是大话连篇的空想，而是不一定会实现却还为之努力的每一天。

第四辑

我们终会成长为自己想要的模样

享受爱与孤独

孤独与自由往往只是一念之间

这几年，我出了几本书，于是经常会收到一些读者通过各种渠道给我留的言，咨询我一些事儿。

其中有一位 70 后的女性读者的故事，让我记忆颇深。

为了叙述方便，我们姑且称这位朋友为小唐吧。

小唐说她现在四十多岁了，有一个孩子，刚上大一，自己与先生都有一份稳定的工作，二人感情非常不错。

问题出在她与母亲之间。

小唐父母七十多岁，虽然三天两头会有点小病小灾的，但好在没什么大毛病。操持家务、帮忙照看下住得不远的孙女都没问题，“就是吧，就是，唉，我也不知道该怎么说”。

突然，她话锋一转，道：“自从儿子上大学了后，我特别怕接到我妈的电话。”她停顿了一下，“主要是我不想到她那儿去，也不想跟我妈聊电话。以前吧，因为平时要上班，周末要接送孩子培优什么的，总是以忙为借口不到我妈那儿去。可是现在，我找不到推托的理由了。因为我的工作性质，几乎不用加班，这一点我妈是知道的。昨天我弟告诉我，我妈住院了，为人子女，就算平时能躲，这个时候也不能躲了。可是，我真的好煎熬，我不想去看她，甚至有点怕见她，不是惧怕，而是怕见，您懂我的意思吗？”

然后她继续说：“但是现在我妈病了，我不去看她或者不打个电话问候下，那我太不孝了。事实上，我对我爸妈很好的。刚参加工作那会儿，什么东西都先想着我爸妈，即使成家了，也经常为爸妈花钱。每次爸妈谁有个病有个灾的，我出的钱比我姐和我弟都多。但是现在，我就是不想跟我妈有太多交集。所以，我很煎熬，我不知道该怎么办！”

在后面的对话中，我大概知道了她的一些成长情况。

小唐告诉我，她从小由奶奶抚养长大的，到了上学的年纪才回到父母身边。她还有一个姐姐和一个弟弟。父母虽然有一点重男轻女，但还不是很极端，只能说有点偏心，尚在自己和姐姐可以忍受的范围。

小唐之所以出现现在的问题，主要是小唐的父母从未给过小唐应有的关心与爱。在这几十年的相处过程中，少时，小唐在父母的眼里是个透明的存在。用小唐的话来说，她从小不在父母身边长大，跟父母本就没什么感情。然后，母亲还很偏心，姐姐最大，是父母的第一个孩子；弟弟最小，是父母的宝贝疙瘩。父母当时工作又特别忙，所以，在父母的眼里似乎从来没看到过小唐。

他们照顾小唐只是在尽义务，供她吃供她穿供她上学，仅此而已。但是在情感上别说有过什么关照了，但凡和姐弟之间有点什么争执，都是她的错。“如果说他们因为重男轻女，而且我弟最小，我跟他有什么矛盾我妈怪我，先不说对不对，至少我能理解她的行为。但为什么我和我姐吵架也是我的错呢？我是姐姐我该让着弟弟，为什么到我姐这儿，我就不是小的那一个，而是不懂事儿的那一个了呢？”这些话，是小唐通过文字告诉我的，但我似乎可以看到小唐那张写满了委屈、挂满了眼泪的脸。

“我刚参加工作的时候是二十世纪九十年代初，那个时候电话、空调什么的都还没普及。为了让爸妈多看我一眼，我舍不得给自己买新衣服，省下来每一分钱，就是为了给我妈家里装个电话，那个时候装电话是要座机费的，我记得很清楚，光座机费是五千元，而我那个时候每个月工资才三百元。您能相信我是怎么攒下那样一笔巨款的吗？后来空调啊，洗衣机什么的都是我买的，而我姐比我参加工作早两年，工资也比我高，她除了给我爸妈买过几件衣服鞋帽之类的外，就没为家里花过什么钱了。一直到现在，我也是为家里花钱最多的……王老师，其实我也看过一些心理学方面的书，我知道我比我姐和我弟对我父母更好是什么原因，而且，虽然父母对我有些情感上的伤害，但相比于《欢乐颂》中的攀胜美、《都挺好》中的明玉父母，我爸妈已经强得太多太多，所以，我早就原谅了父母。而且，我爸妈似乎也意识到了我对他们的好，对我说话似乎有点小心翼翼甚至有点讨好我，但是为什么我现在特别怕与我妈有过多的联系呢？我实在想不明白这一点。”

细细追问下，我终于弄明白了原因：这么多年，小唐从未从父母尤其是母亲那里得到过情感上的关爱，而父母也没有认识到这一点。随着时间的流逝，年纪越来越大，小唐的母亲从对女儿简单的物质接受，开始过渡到想讨要情感了——小唐的母亲曾对小唐说过这样一句话：“你看你姐，有什么事儿都跟我说，还经常挽着我一起逛街。你呢？你也不跟我谈谈心……”

小唐对父母金钱和物质上确实有回报，对父母也确实客客气气的，尽量不忤逆父母的意思。这是因为小唐一方面知道人要尽孝，另一方面也确实是在潜意识地讨好父母，希望得到他们的价值认可。但这些，都不能代表小唐的心和母亲是毫无隔阂的，甚至是疏离的。

所以小唐在以前没有对跟母亲打电话、看望她等方面的惧怕。之所以这两年惧怕起来，是因为在潜意识中，小唐根本不想跟母亲有情感上的亲近，甚至是一种，我可以关心你孝敬你，像爱世人一样爱你，但做不到像爱母亲一样爱你。

一个善良的人可以很博爱，但是我们知道，他们的这种爱，与我们爱父母爱子女的爱是不同的。

当我把这个分析告诉小唐之后，小唐有长久的沉默。最后，她终于承认我说对了，并且告诉我，我可以在别的任何事上做得很好，但是，想让我像其他的女儿那样挽着母亲的胳膊逛街、搂着母亲的肩膀说女儿家的心思等，她做不到。

其实以前小唐也经常看望母亲，也经常陪她聊天，但那种看望有点像我们去看望公婆的那种感情，很多人对公婆也是敬的爱的，也喜欢与她们在一起，但是只有我们自己知道。对公婆再怎么爱，和对自己母亲的爱还是有不同。这个不同，应该就是情感上的。

小唐的母亲这几年就是越来越找小唐要这种情感，而小唐潜意识里知道她做不到，给不了，也不想给，那是打心眼里抵触的东西，于是她开始退缩、纠结、痛苦，因为她潜意识里的良心在谴责她。

我告诉她，不用再责怪自己，你现在的痛苦其实是自己不能原谅自己，所以一直活在自责之中。

小唐以为自己原谅了母亲，就代表了自己对过去的情感伤害释然了，然而，真正的原谅，是自己与自己和解。既然，我们做不到情感上的给，这种产生于早年依赖关系中的情感伤害几乎是没办法治愈的。那么我们就不要再责怪自己，我们只要做到其他方面的给就好了。

听完我说的话，小唐彻底释然了，“给不了就不给，只要我继续对父母好就行了”。

我看着对话框心情有轻松也有沉重，但至少我知道，小唐的心应该挣脱了自责的枷锁，获得了精神上的自由！

如果你选择了孤独就请拥抱它

怀女士找我诉苦，第一句就是：女人太难了！

听她慢慢说，我才知道怀女士这句话的结论从何而来。

怀女士今年刚满三十五岁，却已经是一家资产几千万公司的总经理了。当然，这个地位的得来，除了怀女士自己的才气及拼搏之外，也是她牺牲了对家人的陪伴时间得来的。

而就在今天，怀女士与丈夫周先生发生了一起自结婚以来最大的一次争吵，导火线只是一碗罗宋汤。

当天是周末，怀女士的丈夫因为有同事临时找他借一份资料，事情还挺急，周先生只好向怀女士求助，问她上午是否有时间带苗苗去上美术课。苗苗是他们的女儿，刚上一年级。

恰好怀女士难得这天没什么事儿，于是爽快地答应了。一上午都顺利度过，事情发生在中午用餐时。苗苗下课时间是中午十二点，怀女士想着这个点了，等她开车回家再做饭，差不多两点才能吃上饭，于是就决定干脆找个餐馆解决一餐算了。打电话问了周先生，周先生也同意，说地点定好了告诉他一声就行，他直接开车过去。

而苗苗要吃西餐，于是她们把地点就定在了一家西餐厅。

等周先生赶过来的时候，餐刚刚上几分钟，时间碰得挺好。

只是当周先生脱了外套坐下来，与怀女士说了几句话之后，才注意到女儿苗苗正在喝罗宋汤，一下子脸就变了。只见周先生一把把苗苗面前的罗宋汤给抢了过来，然后问怀女士：“你怎么给苗苗喝这个汤，你知不知道这个汤是辣的，还有牛肉，苗苗感冒刚好，喉咙的炎症估计还没消完呢，这个汤喝了上火，你知不知道？”

当时如果怀女士什么也不说，或直接认个错就好了。怪就怪在怀女士说了一句这样的话：“啊，苗苗喉咙又上火了呀！是不是晚上睡觉受热了呀？”

这句话一说，完了，周先生彻底就爆发了，你怎么当妈的，女儿喉咙上火两天了你居然不知道？什么叫晚上睡觉受热了，你会照顾孩子？你晚上都干吗去了？一堆责备的话劈头盖脸地砸向怀女士。

要知道，那是西餐厅，周先生的话一下来，怀女士的脸就有些挂不住，忙着呵斥周先生小点声，有什么事回家再说。

这话不说还好，一说周先生的声音更大了……

结果一餐饭谁都没吃成，周先生牵着苗苗的手就先行开车回家了。

而怀女士在匆匆结了账之后，一个人坐在自己的车内先哭了一会儿，然后就给我打了电话。

我对怀女士一家还是有些了解的。

怀女士是武汉人，父母家庭虽然不富裕，但也都是有工资的人，退休了也有退休金。而周先生父母都是农村人，父亲读书不多，母亲干脆不识字，家里还有一个弟弟和一个妹妹。

当初周先生考上公务员，在武汉安顿下来后，才想起结婚这件大事。可是对于他这样的条件，找对象也并不容易，在蹉跎到年近三十的时候才认识了年轻漂亮的怀女士。当时怀女士有才有貌且比周先生小五岁，要说唯一的不足，就是怀女士没有正式工作，属于打工仔（不知道为什么，我的长辈们对于是否拥有有编制的工作特别执着）。对于能娶到这样的老婆，周先生已经很感激了，还有什么好挑剔的？

而且很快，在他们结婚两年后，女儿苗苗就出生了。只是让周先生没想到的是，在女儿不满一岁的时候，怀女士就变得越来越忙，两个人拉拉扯扯地勉强把孩子带到两岁大就送进了幼儿园。怀女士已经记不起，女儿上了幼儿园后，是从什么时候开始，接送这件事就完全变成周先生一个人的了。

“说起来，周某某生气也是有原因的。”大概是想到了这些年周先生的不易，怀女士突然做起了自我检讨。“可是，你也知道，我和周某某结婚的时候，还是住的他单位给分的单身宿舍，就一间房，又做客厅又做卧室，房里除了有个卫生间，连个厨房都没有，做饭都是在阳台上摆了个小单灶。而现在，要不是我，我们家能买得起三室两厅的大房子，还一人一辆车地开着吗？”

其实，怀女士碰到的不外是千千万万职场女性关于工作和家庭的问题。只不过有些家庭问题严重些，有些家庭轻一些罢了，这多多少少跟是否有老人帮忙带孩子或老人贴补金钱费用有关。

怀女士就属于既没人贴补金钱费用，双方老人也不能来帮忙的（苗苗小的时候，怀女士父母还没退休，而婆婆也实在走不开），那么在工作和家庭之间，必须要有个平衡，一个人偏向于工作，一个人偏向于家庭。

大概因为周先生娶怀女士的时候心存感激，或者是真爱，不管是什么原因，在孩子出生之初，周先生无形中变成了照顾孩子多一点的那个。而恰巧怀女士的事业发展不错，于是就把精力多放些在工作上了。事实上，他们这样分配也确实在短时间内成就了他们小家庭的财富积累。

只是照顾家庭的那个人在某一个点上，情绪爆发或心生怨言也是正常，尤其这个人是男性的时候。

只是怀女士因为与周先生吵了这一架，就想着是不是辞职不干，回家专心带孩子，自己只利用空闲时间打点小工挣点小钱一说，让我觉得她过于情绪化，劝她切不可冲动。

先不说只靠周先生一个人的工资，每个月在还了银行几千元房贷的情况下，还有没有钱吃饭，只说工作与家庭之间，必须有所牺牲和选择。

从我所学的心理学及教育学知识来看，如果单纯地从为孩子的性格培养等方面来考虑，我是赞成女性以家庭为重的。因为即使是一个没有矛盾的男主内女主外的家庭结构，父亲的角色也远远代替不了孩子在婴幼儿时期母亲的陪伴。

但是考虑到小家庭的收入及中国婚姻法的现状，大多数中国女性为了家庭收入，一方面不得不工作；另一方面，女性如果在经济上过于依赖男性，必将导致家庭地位的流失。当夫妻二人发生问题的时候，没有工作或没有经济来源的女性将处于一个非常不利的地位，这也正是现在的“鸡汤”学鼓吹女人要经济独立的原因。

女人该不该经济独立？

就中国目前的婚姻法来说，该！

但就从孩子长远的发展来看，就整个民族的素质培养来看，我觉得女性，至少在孩子出生的头几年是应该以家庭为主的。

但这是个不现实的事。

如果女人在孩子出生的头几年不工作或只做些无关个人发展的工作，等孩子上学后，她必然在工作上是吃亏的那一方。一旦当小家庭发生问题，女性也是吃亏的那一方。因为中国的婚姻法既没给照顾家庭的女性发工资，也不管离异后的女性，男方是否该付赡养费。那么，在这种现实情况下，女性一旦做出了选择，就只能一往无前走下去！

选择以家庭为主，就要当心被这社会淘汰，就要当心被丈夫“淘汰”。女人能做的就是在陪伴、培养孩子的时候，尽量不丢掉工作（所以，累就是没办法的事，也不要多考虑事业是否能发展了）。

选择以工作为主，那么牺牲孩子的成长，牺牲对家人的陪伴，也是没办法的事。这个时候，我们就要学会让自己的内心强大，能够拥抱孤独！因为当你对家庭在精神上的付出少了，得到他们的怨言，甚至得到他们的疏离也是必然的事，那么此时的你，必将是孤独的。

既然生活不能让我们两全其美，我们就要在小家庭成立之初，尤其是孩子到来之初做好决定。在累与孤独之间做好选择，一旦选择了，就不要后悔，因为后悔，无济于事。

当你学会享受孤独时，你才真正强大

亲爱的读者，当这本书看到这里的时候，您大概会说我为什么如此纠结“孤独”二字，我前面似乎已经写了不少与孤独有关的故事了，为什么还要单独开一篇。那么请允许我慢慢跟您说。

不管是前面与自己和解的小唐还是无奈中拥抱了孤独的怀女士，她们都是被孤独选择的结果，而不是主动选择了孤独。

我想说人类是群居动物，人从一出生就不是孤独的存在，而且在人类的成长过程中，“被看见”“被关注”是人类的共同希求，而这些词也不是在孤独的情况下能实现的，所以无形中，“孤独”就变成了一个被冷落的小孩——我们不单纯地认为它是褒义词还是贬义词，但它似乎不太讨人喜欢。

我想“孤独”二字之所以被人冷落，大概是因为它长得和“寂寞”有点儿像，于是有些人就此对“孤独”有了些误解。

网上有人就“孤独”与“寂寞”二词做了个区别对比，我这里就不赘言了。简单概括起来就是，一个是主动选择独处，一个是被人不喜欢或挤不进圈子而造成的被迫独处。主动和被迫二词已足够说明“孤独”和“寂寞”的区别了。还有一个原因就是每个个体的自我投射了，比如“感时花溅泪，恨别鸟惊心”就是指的“消极心理投射”；“我看青山多娇媚，青山见我也多情”指的就是“积极心理投射”了。你若硬把“孤独”归到贬义的一方，我也没办法，我想那大概你是没有享受过孤独带给你的好处吧。

我喜欢独处，而且这种喜欢也是随着年龄的增长而增长的。虽然我认为独处不单纯等于“孤独”，但孤独里是包含着独处的，所以用代数的方式来说，我大概也是喜欢“孤独”的。

因为独处的时候，我们才能更清楚地看清自己。

与我们相处最多的人是自己，可是有多少人能正确认识自己呢？问佛：“世间为何多苦恼？”佛曰：“只因不识自我。”

对于自我认知的缺乏，会导致我们缺少对自己的审视、发现和反省，甚至时常被自己所蒙蔽。

挪威海洋学家南森说，人生的第一件大事就是发现自己，因此人们必须不时孤独和沉思。德国诗人歌德说，人可以在社会中学习，然后，灵感却只有在孤独的时候，才能涌现出来。

蔡康永说：“跟自己相处，并不孤单。反而是跟无聊的人勉强鬼混，才容易感觉孤单。独处不是要我们面壁打人，我们可以挑选自己感到好奇的书或电影，当成我们跟自己相处的催化剂。为什么一本好书、一部好电影，常被人称赞‘启迪心灵’？因为当我们心灵贫乏，没办法自行产生能量时，藏在书里、电影里的那颗丰富的心灵会不断催化我们，对生命诞生想象。”

其实简单点来说，独处就是自己与自己对话的过程。这个过程非但不孤单还很热闹，不是有首歌里唱过“孤单，是一个人的狂欢；狂欢，是一群人的孤单”吗？人是软弱的动物，因为恐惧才拥挤一处，以为这样才可以抵挡各种风暴。可是，你不知道的是，强挤进的圈子会让你变得不会独立思考，你为了被看见被关注你不得不人云亦云随大溜。就比如单纯地想红而通过网络各种秀下线的某些视频播主；为了显示自己有独立思考能力，看见华人出个国都要骂的伪爱国主义者；为了发财不惜丢掉健康或人格的……这部分人，我想他们应该从未思考过自己究竟想要过什么样的人生吧？也许，他们自以为思考过，但很不幸，我只能拆穿你，你那不叫思考。

在这里，我觉得我有必要提下另外一个词儿，就是“认知”。

我们对于自我和社会的认知都带有一定的片面性，只不过这种片面性是跟我们的知识和思考能力挂钩的。知识越丰富，眼界越开阔，独立思考能力越强的人，他们对自我及社会的认知视角就会越广。同理，局限于狭小的知识及思想范围的人，他们的认知就会越狭隘。知识和眼界都可以通过多读多听多看来得到提升，而独立思考能力则只能自我拯救。而孤独时的思考为我们的思考能力提供了营养丰富的沃土。

就好像我们在看一个电视剧一样，我们会对电视中出现的某个情节恨得牙痒痒，“唉，那个男人是不是傻，明明艾米才是真心喜欢他的，琳达一直在骗他，他怎么就看不清偏要和琳达在一起呢？”或者“这个女人太可恨了，她居然离开一直对她好暗中保护她的家族，去投奔那个陷她于不义的家族！”怎么会这样？那是因为作为观众的您能清楚地看到艾米和琳达的行为，所以您知道谁才是真心对那个男人好的人。而作为电视中那个处于故事中的人物，他能全方位地看到所有事件吗？

不能的！

而我们真实的个体生活于社会其实和电视中的主人公又有什么区别呢？我们每个人都是我们自己电视剧中的主人公，如果我们不让自己偶尔静下来独处一下，不学会思考，我们是不是永远只是那个爬山的赶路人，永远不会看到山的全貌？

所以“孤独”究竟是什么呢？我认为“孤独”是一个很美的词儿，它让我们宁静，让我们倾听，让我们不被热闹蒙蔽双眼，让我们清明而智慧！当你对孤独有了这样的认识之后，你还会认为那些孤独的人可怜吗？或者说，你还会再可怜自己的孤单吗？

被爱滋养过的人生柔软而温和

在我读中学的时候，刘德华、黎明、郭富城等明星在中学生中非常非常火，喜欢他们的女生特别多。那个时候还没有追星一说，但是当时的同学们对明星的喜欢跟现在的小孩子们也没有什么二致。

而我这个人或许有点特立独行，也或许是因为我内心的强大，我只有偏喜欢的明星，却没有迷恋过哪一位明星。那个时候我也特别喜欢看文学书籍，但我也没特别喜欢过哪位作家。那个时候我就想，我是不是有点古怪啊，为什么跟别人不一样？于是我使劲想，我到底喜欢谁呢？后来答案是，我喜欢我们班上的一个女同学，她是我们的班长，比我小半岁（看到这里，我希望深受网络某某文毒害的读者们不要想歪哈），我对她的喜欢就像我们看到一件美好事物，一朵美丽的花儿那种喜欢。

当然，对这个女班长的喜欢也还没有到迷恋的程度，但对她的喜欢肯定是超过对一般同学、对明星的那种喜欢的。

有时我在想，为什么呢？是因为她学习好吗？她学习是很好，但在那个时候，她的成绩也不是比我好太多，还完全达不到让我羡慕的地步；是长相吗？那个时候的她有点小胖，比她漂亮的女生有不少。那是什么原因让我一个十几岁的少女不去追帅气的男明星，不去暗恋班上的小帅哥，偏偏喜欢一个女同学呢？

这件事让我百思不得其解，直到几年前，我们同学聚会，我又和我这位女班长取得了联系，再加上这个时候我已经学了心理学，我突然明白我为什么会喜欢她了。

因为她的性格！

换句通俗点的话说，就是她的人格魅力吸引了我。

更或者，是她身上那种被爱滋养过的性格：温柔、包容、开朗等这些恰巧是我缺少的东西吸引了我。

我不知道你们有没有留意过，经常被父母打骂的孩子，他们的眼神是什么样的？

据我观察，长时期被父母打骂的孩子，他们的眼神里会有一种“狠”气，这种“狠”气发展到他们更大的时候就会变成一种“戾气”。这样的孩子，让你第一次看到的时候，哪怕他们那个时候还小，不要说戾气，就是狠气都不是很外露的时候，你们看到 Ta，尤其是男孩儿，你们会莫名不喜欢这个孩子，想躲他远远的。

如果细问你为什么，你可能也说不上来，估计只会简单地说：“是直觉吧。”对，是直觉，但这直觉是因为对方身上透露出来某种气质导致的。

那么，你再看，经常被父母忽视或者父母很少对孩子表示出亲昵动作及态度的孩子，他们的眼神又是什么样的呢？

他们的眼神一般是游离的，怯懦的。当你跟他们说话的时候，比如你亲切地问“小朋友，你几岁了，你叫什么名字呀”的时候，即使他们旁边有大人来指导他们回答“快告诉阿姨你几岁了”的时候，他们也会回答你，但他们的眼神肯定不会正视你的眼睛。

还有些孩子，父母既没虐待、打骂他们也没忽视他们，但他们要么攻击性特别强，要么占有欲特别强等，他们身上总有这样或那样让你觉得这孩子不讨人喜欢的地方，你们有想过是什么原因造成的吗？

你们或者会说这是家庭教育的问题，有的是太宠溺孩子了，有的是对孩子要求太严格了等。

诚然，孩子身上的一切问题都是来自家长，都是教育产生的后果。但现在我们国家教育学并不普及，懂教育的家长也并不是特别多，那怎么办？

其实要我说，很简单，如果您真的是一位有责任心的家长，是一位希望把孩子培养好的家长，哪怕您没什么时间或精力去学教育学都没关系，您只要用真正的爱来爱您的孩子，Ta 必将会成长为一个性格健康招人喜欢的孩子。

就像我喜欢的女班长一样，我不能说她的性格就是十全十美的，但是她的性格确实好过很多我熟识的人。

我们来细化一下，我们普遍会喜欢什么样的人？

我们一般会喜欢替别人着想的人，会喜欢懂得尊重人的人，喜欢开朗大方的人，喜欢独立自主的人，喜欢心地善良的人……

我们都不喜欢一张嘴就讽刺人的人，不喜欢挖苦别人的人，不喜欢不尊重别人的人，不喜欢自私自利的人，不喜欢推卸责任的人，不喜欢老是抱怨别人的人……

那么这些好的品质是怎么来的，这些坏的毛病又是怎么得的呢？

答案就是爱与不爱。

一个真正被爱滋养过的孩子，他们会拥有幸福感、值得感、配得感、安全感。他们敢于自己做决定，敢于掌控自己命运的航向；他们不会迷失自己，因为他们自信、清醒、笃定。一生拥有勇气和温暖，这些内心的笃定，来自小时候被珍视过、爱过，才会从容不迫。因为被爱过、被尊重过，这些爱和尊重才敢鼓舞他们，使他们有勇气追求更美好的未来，敢于飞往更高的天空。

而没被爱过的孩子会怎样？如果一个孩子从小没得到父母肯定、认可、接纳、尊重与爱，他们长大后没有完整的自我，没有主见，喜欢依赖别人。别人一句话他就会受影响，别人赞美他一句，他就开心；别人评判他一句，他就生气。他们没有自我价值观，不能自我肯定，他们不爱自己，不接纳自己，没有完整的自我。他们将一直寻找那个能无条件接纳他的重要的人（但这世上除了父母，还有谁能无条件接纳你），于是，他们很可能会一直活在证明的死循环里。直到他们自己与自己和解，学到心灵上的开悟。但真正能做到与自己和解的人有多少？

当我活到如今的年龄，遇到过的人应该有几十万上百万了吧？这个数字没法统计，但在我的人生里，曾经熟悉些的人，再怎么少也不会少于几万人吧？可是，让我觉得百分百是被爱滋养过的人并不多，哪怕是我喜欢的那位女同学，如果按 100 是满分来算，她可能得到 90 分吧，但这已经很足够了。事实上，我们很多自以为百分百爱着孩子的父母，甚至是百分之一百二十（溺爱）爱着孩子的父母，他们给孩子的并不是真正对的爱，这爱里，估计只有百分之五十是真正对的爱，还有一半是错的爱。

真正对的爱并不是无条件满足孩子的一切要求，而只是无条件接纳孩子的一切，然后给予他尊重、认可，并给他一定的约束，引导他走向正确的道路，学会适时地放手。这样的孩子长大后才会真正接纳自己，从而被他人喜欢。

自信而独立

自由是有条件的

随着儿子上高中后，他的社交活动也多了起来，相应地，我们给他的零花钱也有所增长。偶尔，有他零花钱不够用，或者有个突发的小活动需要找父母要钱的时候，我们一般只是大概问下干什么用就给了。只是有一回，他连续找我要了几次相对于他的年龄来说比较大的金额后，当他再一次找我开口的时候，我就问了："你要这钱干什么用，已经连续给你几次钱了，数目加起来不算少。你一个十几岁的学生，哪有那么多需要花钱的地方？"

儿子倒先不耐烦起来："哎呀，找你要点钱怎么这么啰唆。人家某某某找家里要钱的时候他妈妈从来都是痛痛快快地给的，还总会多给些。"最后还要给我扣顶帽子，"就你小气！"

我告诉他，这不是小气的问题。其一，我手里的每一笔钱都是自己辛辛苦苦挣来的而不是大风刮来的；其二，这个月我们给他的零花钱已经远远超过了约定数目；其三，作为支出方，我有权知道我的钱被"借"用方用在何处了。

儿子听了更加不耐烦，声音也大了起来，道："我又不是小孩子了，花每一笔钱都要向你们报备，你们能尊重下我不？能给我点自由不？”

关于我们是否尊重了孩子及是否不给他自由这个话题，我和他也讨论了半天，这里我就不多说了。反正针对这件事儿，儿子最后的表达意思大概就是，我长大了，是个独立的个体了，我有自己的想法和想做的事不需要告诉你们，我有权决定自己在做什么。

从本质上来说，儿子的说法没错，甚至很对。但是，他站的位置不对。因为在这次争执发生的时候，他爸过来插过话，提议儿子把我们前两天刚清理出来的旧书旧资料还有一堆空纸盒拿去卖了，卖得的钱都是他的，却遭到了儿子的拒绝。

这也正是我和儿子争执的原因，细节我就不多说了。

其实我们自己也经历过成长，也经历过十几岁要自由、要独立不要人管，一边却又不肯为家庭做出付出，认为找父母伸手要钱是天经地义的年龄段。我能理解儿子此时的想法，但并不代表我赞成他的想法。

我问他，什么是自由？

我告诉他，我们生活在现在这个社会，而不是百年前的中国，是一件值得庆幸的事儿。在现在的这个国家里，我们拥有选择的自由，这是中国几千年历史中从未有过的。我们可以选择怎么生活、怎么赚钱、做什么工作、要不要上舞蹈班，我们还可以选择要不要小孩，以及跟谁生小孩，我们可以穿想穿的衣服，可以选择住在哪个城市，可以自由表达意见，还可以在至少三十种不同的牛奶品牌里决定买哪一个……这些都是自由，也都是行动的自由：我们可以这样或那样行动，只看我们想怎么做。

然而并不是一切我们想做的就都能去做，比如我们不能闯红灯，也不能没事儿给人一棒子。尽管严格来说，这两件事只要我们想做，就都能做到，只是这些事儿会带来其他后果。

另外还有些事情，即使我们想做也不会被禁止，但我们却无法去做的。比如我们不能不呼吸，不能不吃东西，不能不睡觉，只要你还想继续活下去；我们也不能改变时间的走向回到从前，不能瞬间移动到遥远的火星，更不能只做个梦就真的会有用不完的金钱掉到你面前……这些事情我们可以自由地去想，但却都无法实现。不只是道德或法律给我们的行动设了限，决定我们能做什么不能做什么，物理的世界也给我们的行动自由设了边界，终归不是我们想做的一切就都能做，或做到。

就比如现在，我希望你听你爸爸的话，把这些旧书旧资料卖掉，也是我的权利我的自由，同理，当你找我要钱的时候，我问下这些钱你打算用到什么地方，这些也是我的权利和自由。那么，我有什么问题吗？你的不耐烦和脾气又是从何而来的呢？

自由是相对的，它一边是绝对的自由，一边是你完全不能控制的束缚。

比如人饿了就要吃饭这件事，如果你决定了不吃，这是你的自由，你也可以遵守它，让自己确实不去吃，直至饿死。但毕竟我们不想死，那么，当你不想饿死的时候，你还能任由你的自由发展你不吃东西的自由吗？那这个决定不吃东西的自由是不是就被剥夺了？

其实现在很多人包括成年人，他们一边想要自由的便利，一边又不肯接受自由的束缚。比如有些学生，一边不想要每天面对课本的枯燥，但一边又不想要就此考不上好学校，继而不能有好的工作选择的束缚；比如有些成年人，一边想要不辛苦工作的便利，一边又不肯接受因不工作而不能带来财富，继而不能带来自由消费的束缚。

天下哪来这样的自由？

自由是建立在束缚之外的。只有当你拥有了独立的思考能力、独立的经济能力、独立的行动能力之后，你才能在物理，或者法律、道德、规则之外，拥有最大限度的自由。

抱歉，我的内向不需要被拯救

2019 年刚过完年，我被邀（很抱歉我没在被邀俩字前面加上“有幸”二字）参加了两次跟心理人有关的活动。这两次活动相隔时间不长，第一次活动我参加到中途离开了，因为给我的印象不是很好，第二次活动印象尚可，但不管是印象不好的一次还是印象尚可的一次，也不管这两次活动的主题完全不一致，在活动的过程中，有一个细节居然是一模一样的，那就是互相认识环节。

环节的名字是我自己起的，我也不知道具体叫什么，只知道，主持人在讲到某个点上的时候，会突然对大家说：“来，大家跟我学习，跟你身边的人先握个手，然后向你身边的人介绍下自己，比如‘我叫嫦娥，我来自月球，我的工作是做桂花酿’我想看看，在三分钟内，你们能认识多少个人。”

随着主持人的一声“开始”，全场人都站了起来，拉着自己身边的人就开始自我介绍。我压根儿没想到有这么个环节，见我前面的陌生人转过身来，我连忙跟身边的熟人假装说话，幸好那位熟人大概跟我一样不习惯这样的场合，我们俩正好凑在一起不让陌生人插进来。而且这次活动的主题让我和熟人都很不喜欢，于是我们后来干脆跟邀请我们来的组织者打了声招呼先行离开了。

第二次活动比较大型也比较正式，但没想到活动到中途依然有这么个环节，而当时我周围坐的都是陌生人，那次活动真的让我尴尬死了。我只好拿出手机假装发信息……

我是有社交恐惧症吗？不是！在以前，别人对我的这种行为表现最多认为我内向。自从这两年心理学名词泛滥，人们老喜欢往与自己不同的表现行为上扣帽子，于是我这种人就容易被贴上“社交恐惧症”的标签。

拜托，所谓症是很严重的，就像发烧、咳嗽、流鼻涕会被称为感冒（症）一样，我最多只是嗓子痒，咳了几声罢了。

但是偏偏就有好事者，非要把我们这类人：远远看见对面走来一位邻居、不太熟悉的同事、楼下扫地大妈……的时候，能躲则躲（可以避免打招呼），没地方躲的时候就假装看手机（我一直觉得智能手机的出现是社会文明的一大退步，但此时就会觉得有智能手机真好了），归为社交恐惧一类。

其实有很多人跟我一样，我们不过都是有点内向罢了，我们并不是真的怕见人，不敢与人打招呼。别人的想法我不知道，我只知道我自己，对着那些半生不熟的人，出于受的礼貌教育，我知道，遇到熟人要打招呼。但对于这种半生不熟的人，我又不知道该怎么打招呼，说什么呢？偶尔看到人家拎个菜篮子尚能没话找话说一句：“买菜啊？”如果对方跟我一样，手里什么也没拿，我该说什么？

我特别怕尴尬的时间碰上尴尬的人——即不是早上，如果是早上我会很轻松，因为一句简单的“早上好”就能化解我说什么的难题；又不是手上有东西或带着孩子，前面说过，他手上有东西或带着孩子，我能借此话题打个招呼。当既不是特定时间，他又是单人一个的时候，我真的很为难，说什么呀？

得了，别想了，人家都快走过来了，赶紧看手机——假装没看见。

年轻的时候，我的这种见到熟人绕道走的行为没少被我妈或其他同事批评。什么人是群居动物，人要学会与人相处等。事实上我记不得他们到底跟我讲了什么，应该都是些劝我要学会社交及会社交的好处吧。

我觉得他们某些方面说得没错，会社交的人确实在这个社会很吃得开，偶尔我也挺羡慕他们，三教九流都能搭上话还结交一堆朋友。遇到什么事了，他们一个电话就能有人帮他们搞定。

我甚至也有去试过多交朋友，多参加各种应酬。但是在参加了几次这种活动后，我发现，活动的最后一般就是围桌而坐——吃饭。然后大家开始吹嘘自己的成就，不管对面的人是什么人——马路边上摆摊的，还是经常上热搜的大明星，也不管对面的人他们所处的社会地位多高——比如某部长，或多低……他们总能在自己所处的位置上，找到自己的优越感，然后吹嘘之，或者互相吹嘘——某某兄，你在这个行业要是敢称第二，没人敢称第一，兄弟我对你是仰慕得很啊。再然后就是喝酒，你不喝就是不给我面子这种。

我觉得这种场合真的很没意思呀，我又没什么可自吹的，且我也不想吹别人，那么，在这种场合我还能说什么？也许会社交的人会想出一千种在这种场合能说的话题，但我是我呀，我想不出来，我不知道说啥，不说还不行，于是我尴尬，很尴尬。下次再有人约，我能推就一定推掉。

渐渐地，我在某些圈子里落得个清高的名声——人家现在是“大”作家，瞧不起我们这些普通人了（他们说这话的时候，“大”字往往会加重声调）。

还有些圈子里，我落得个孤僻的名声——你请不来正常，你能把某某请来才不正常呢。这个人我不知道她是怎样想的，你说平时不参加这种活动也就罢了，新书刚上市，参加这个活动不管对于她个人名气还是书的销量都会有帮助，嘿，人家就是不来！

还有些圈子，我干脆落得个社交恐惧症的头衔——算了，她有社交恐惧症，别喊她了。

我……

我想说我既不是清高，也不是孤僻，更不是社交恐惧症，我只是对于是否参加某个活动有自己的判断，有自己的选择。我不想把自己的精力和精神浪费在我不想参加的活动上，但对于我自己判断值得参加的活动，我还是很乐意参加的。

那些把清高、孤僻、社交恐惧症安放在我头上的人，他们总觉得我这种人是另类，总觉得他们高我们一头，认为他们是正常人，我们是不正常那一拨的，总想“拯救”我们。

可是他们不知道，我们压根儿不想被他们“拯救”，相反，我觉得他们挺可怜的：参加大咖云集的某活动，你就是大咖了？与某名人吃个饭，你就有名了？你到底在炫耀什么东西？我挺想不通的。对于那些普通人的邀约，如果是兴趣相投，大家在一起都是朋友，这种我不但理解，而且还挺乐意参加的。但如果并不相投，大家在一起只是为了互相吹捧，吃吃喝喝，我就更想不通了。

或者别人说得没错，我也许真有点清高或者孤僻，我不善交流、不爱社交、不混圈子。我没事喜欢一个人待着，我喜欢自娱自乐。婆家那个每到过年才露一次面的远房亲戚我到现在都叫不上名字，可这又怎样？我有自己的精神供养，我不需要靠外部世界的牵绊和各种复杂社会关系的交叉，来获得额外的精神和力量，因为这些我自己就能供给自己。

人本来就有外向型和内向型之分，何必一个非要“拯救”另一个呢？有科学研究表明，有社交尴尬的人更容易在某些领域取得成就。因为他们会排除那些无用的社交，把更多的时间和精力放在自己喜欢或专注的领域上，这样他们的成功自然大于普通人。

所以请不要轻易给我们扣上与众不同的帽子，也不要刻意让我们去改变（尤其当你的孩子面对邻居不肯叫叔叔的时候，很多家长会着急：“叫啊，叫叔叔”“这孩子，怎么这么胆小”）等。

任何外界的介入，都是在打破我们内心世界的平衡。我们有我们的交际圈，他们有的时候是书籍，有的时候是自己，有的时候是天马行空的想象。请不要对我们过于苛责，我们不需要你们的“拯救”，我们活得很丰满很快乐。

学习，是件永远不会过时的事

本来，这篇文章我原本打算作为本书的最后一篇文章的，因为用“学习，是件永远不会过时的事”单纯从“与自己和解”这个主题书名来说，似乎有点关系不大，但我把这篇文章放在这里，真的是很想让你明白，“学习，不但是件永远不会过时的事，还是件让你能够与自己和解的最重要途径！”

学习，有很多途径，并不仅仅是在课堂上听老师讲课，放学了自己看书才叫学习。像小婴儿学说话、老奶奶学用支付宝这些都是学习，但最直观最简单的学习方式还是看书，比如在机缘巧合之下，您看到了我这本书，并认真阅读了这本书，我想，您多多少少会学到了一些东西。

中华文明绵延了五千余年，中华文化有多么渊远博大就不用我多说了，我只想告诉亲爱的你，无论你在生活、工作、情感、社交等方面遇到困难或不惑，只要通过学习，所有的问题都能得到解决或释然。

或许你会说，通过学习，让我的工作得到提升，这个我明白，通过学习，让我懂得一些基本的社交礼仪和方式，这个我也明白；甚至通过学习，让我懂得什么才是好的爱情和健康的生活方式等，这些我都能明白。但有些东西，似乎仅仅靠学习大概是解决不了的，比如说心灵上的一些东西，诸如：“人为什么活着？”“人生的意义是什么？”这也能通过学习得到解决吗？

我的答案是：可以！

关于“人为什么活着？”“人生的意义是什么？”如果你想要一个标准答案，那么抱歉，我给不了你，甚至这世界上最伟大的哲学家也给不了你。

但是虽然从哲学的角度我确实没办法回答你人活着的意义是什么，而我至少可以从生活的角度，从心灵的角度，从人生价值的角度来告诉你人活着的意义是什么。虽然这些角度的解答只能是这个答案的百分之一，但之一也胜于无，不是吗？就像我们做一份卷子，一道高达100分的问答题，要分五十个小步骤来解答，而我只答了其中一个小问题，但我也会得2分，不是吗？

我记得王朔在一本书中说过一句话：人生的意义在于人生本身。初看这句话似乎他在讲一句废话，但这句话你越琢磨越觉得他说得很智慧，越琢磨就越觉得他甚至给那个无解的问题给了一相对准确的答案。因为人生的意义恰好是点点滴滴地落在我们人生的每一天当中的。那么，反过来说，人生的意义也在于你是怎么过你生命的每一天的。

我相信，我们每个人的生活轨迹都不一样，这正是我们自己区别于他人之所在。但区别是有，只是也有大小区别，有的人会将十年生活过得如同只活过一天一般，每天都是吃饭、上班、回家、吃饭、睡觉……如此循环往复；而有的人会尽量将自己的生活活得丰富多彩，每天都有不同的感悟。

说到这里，我想起来毕淑敏老师在一次演讲中讲到的一个故事，毕老师说她读过美国前副总统戈尔和他夫人一起写的一本书，其中有一个小故事对她的影响非常大：

戈尔夫妇抱养了一条小狗，他们有一个朋友是驯狗师，于是他们把小狗抱去想请朋友帮着给训练一下。驯狗师说，好哇，但是在训练之前我要问你们一个问题：你们这条小狗的目标是什么？这对夫妇就你看看我，我看看你，心想这有什么不好回答的？一个小狗的目标，当然是做狗了，肯定不是猫吧。驯狗师的脸色就严肃起来了，既然你们不知道这条狗的目标是什么，那么就请抱起它回家吧，我不能训练你们这个没有目标的狗。

朋友的这句话，让戈尔夫妇一个晚上都没有睡，非常严肃地讨论这条狗的目标是什么。后来讨论结果出来了——戈尔夫妇有两个孩子，还有一对养子养女，一共是四个孩子。他们希望这条狗在白天能够和孩子玩在一起；晚上，希望这个狗很警觉，能够看家护院。戈尔夫妇找到了驯狗师，说出了他们的想法。

经过训练，果然这条狗非常好，白天跟孩子们玩在一起，晚上就看家护院。后来戈尔说："我常常在想，一个狗都要有目标，何况是人。"

毕老师说她看了这句话，心里很震撼。我们每个人都要问问自己——你要用人生这一份如此宝贵的能量、能力去做什么？

这则故事于毕老师来说，也是她的一个学习的过程。没有人什么都知道，没有人什么都懂，越是知识丰富的人越是觉得自己知道得太少。

而我们都会在学习的过程中受益，就以我为例。

我不是科班出身的心理咨询师，我最初学习心理学，仅仅只是出于爱好，包括心理咨询师资格证都是顺便考的。当时只是想着多拿一个证对自己没有坏处，并没有想因此从事心理方面的工作。事实上，到目前为止，我也没有专业从事心理方面的工作。但是在学习心理学的过程中，让我体会到了学习的好处。

随着儿子的渐渐长大，我在他的身上看到了一些性格上面的缺陷，这让我很烦恼。虽然在学习心理学的过程中，我已经比过去更了解自己，也因此能分析出是什么原因导致了我儿子的性格缺陷，但我并没有学到怎么去解决、改变他的问题。

在摸索的过程中，我又无意地看了一本教育学方面的书（后来我又看了很多教育学方面的书），那本书是教七八岁的孩子的，而我看这本书的时候儿子已经读高中了。但恰好是这本书救了我。心理学让我知道，我儿子的性格问题是缺少“爱”的原因，教育学让我知道，如何正确地去“爱”（这里我有必要解释下，我们都很爱自己的孩子，至少绝大多数父母都是真真切切地爱着孩子的。但爱，并不等于你的爱的方式是正确的，当你爱的方式不正确的时候，他们就会缺爱——缺少真正的爱）。

当我学会了如何才是正确的爱之后，尽管我的儿子已经快成年了，性格早已接近定型，但是我发现，还是有用的。孩子的性格变得柔和起来，与人说话也变得没那么多的攻击性了。

当我看到孩子的这一改变时，虽然一边后悔自己看这些书晚了点，补牢晚了点，但好在孩子还没有上大学（离开父母身边），还能让我弥补我给错的爱。

通过学习心理学和教育学，我才明白，中国很多家庭的教育方式或者说是爱孩子的方式都是不对的（这个话题太大，就不在本书的讨论之列了），这也间接导致了孩子要么是学习上的问题，要么是性格上的问题。你们还能说，学习对于心灵没有帮助吗？

当然，在这个学习的过程中，我也学会了原谅自己，原谅自己曾经爱孩子的方式不对，做到了与自己和解，与孩子和解。

而且，这些年，除了学习心理学、教育学，我还喜欢看一些哲学方面的书。虽然，不管是哪方面的学习，都还不足以让我以专家自称。我也知道，这些学习并不能提升我的专业技能，从而在工作上助我一臂之力，但我知道，哪怕就是我蜻蜓点水般地学习，只要在学，它们也会开阔我的视野，丰富我的知识，拓展我的格局。于心灵，于成长，都是有极大的帮助的。

被讨厌的勇气

这是本书的最后一篇文章，一般来说，最后一篇文章总是应该有点分量的文章。而我有点胆战，因为我把这样一个命题放在了全书最后。

但是我考虑来考虑去，还是这样决定了，因为我知道，当你耐着性子看完我这本写得并不优秀的书，你大概会想，你让我们思考自己想成为什么样的人，自己喜欢什么不喜欢什么，要拒绝什么接纳什么，假如，我都照着做了，我会成为我喜欢的自己、我会成为被大家喜欢的那个自己吗？

啊，如果你真这样问了，那我只能很抱歉地说，怕是这两个答案都未必能如你意。

那么你肯定会说了，我现在就是因为不喜欢自己才来看你的书，而且虽然我不知道别人是不是都喜欢我，但我至少也知道有蛮多人喜欢我的，怎么我看了你的书，照着你说的做了，反倒有可能我自己也不喜欢自己了，别人也不喜欢我了。那我看你的书有何用？

你问得挺好的，但是也请你别动怒，听我慢慢跟你说，再看看我说的未必能如意是什么意思。

首先，我们不喜欢自己的原因绝大部分来自自己，一部分来自外部。

来自内部的原因我们先放在后面，我先讲讲来自外部的原因。

人是群居动物，这一点已经毋庸置疑。而在这群居的过程中，我们自然会与周围的人产生关系。以前，你觉得你的同学或同事喜欢你，是因为你很勤劳，总是帮他们的小忙，比如帮他们做他们该做的工作，帮他们买饭，甚至洗衣服等。因为你的付出，你得到了部分人喜欢。但这样的付出换来的喜欢是你想要的吗？而他们对你的喜欢又是发自内心的吗？

怕是都不是吧，所以你才会看我这本书的不是吗？那么，当你因为看了我的书学会了拒绝他们的时候，他们还会喜欢你吗？对于你的变化，他们可能在短暂的惊讶与不理解过后，会不会就此讨厌你了？

那么这份因勤劳的付出而获得的，来自外界的喜欢是不是没有了？

再比如，当同事们讨论哪个车更有身份，哪个包包更显高贵的时候，你不再参与其中，而是把自己辛苦赚来的钱用在了自己喜欢的地方，或者旅游，或者看书，或者只是单纯地攒起来将来好换个大房子的时候，而因此穿着自己喜欢的白色T恤、球鞋、挎着帆布包的时候，当他们嘲笑你老土、落伍，你却淡淡一笑的时候，相信我，他们内心会妒忌死你的。一个妒忌你的人又怎么会喜欢你呢？讨厌你都来不及呢！

当你知道真正的爱是平等是自由的时候，那个女人说周末你不陪我就是不爱我；那个男孩三番两次说我一天都没回你电话，是因为太忙；那个母亲说你一个月挣得都快抵上你哥一年了，你哥要买房你给出一半怎么了，不出就是不孝就是白眼狼的时候……你叹口气，但仍然潇洒地说，好吧，我是不爱你，我是白眼狼的时候……他们会喜欢你吗？他们不恨死你才怪！

以上种种，当你不再讨好别人、不再在意别人怎么看你，不再假装自己很有钱很有成就，当你活得云淡风轻的时候，看看你周围还有什么人？

讲真的，真的可能除了你之外，就没什么人了！

这个时候，如果你并未真正地理解自己，并未理解生活的意义的话，你会很惶恐。因为人是群居动物，人都有趋同性，人都有从众的心理，你会觉得自己与别人不一样，自己被人排挤了，于是你会害怕，继而你会讨厌现在的自己。你甚至会反问，我为什么会这样，我为什么与别人不一样，他们为什么都不喜欢我？然后呢？然后完了，你更讨厌自己了。

这就是我说当你都照我写的做了的时候，未必能达到你想要的结果的原因，但是我也想对你说一句，之所以会这样，那是因为你没有真正读懂我的书，真正领悟我讲的含义。

如果，你能真正理解自己，真正读懂我的书的时候，继而真正做到只讨好自己的感受时，你至少就不会讨厌自己了。你会接纳新的自己，接纳那个不再虚伪、不再讨好他人的自己。这时，恭喜你，你已经完成了蜕变的第一步。

但是，唉，我这个人真的很喜欢讲但是呀，但是没办法，我必须要讲，那只是第一步。因为不在乎别人怎么看你，别人怎么想其实真的很容易做到，你看那些没家教的小孩子就是这样做的。

我想干什么就干什么……反正我才不在乎你们怎么看我呢，我只要照顾好自己的心情就好了！

你看，是不是超级简单！

但人区别于动物的是什么？是会思考吗？是会使用工具吗？不，要我说，人区别于动物的最大一点就是人会反思。

是，你是可以想怎么着就怎么着，只要你没犯法，别人也拿你没办法，最多给你几个白眼，但白眼又伤不着我，我可以假装没看见！

如果真的是这样，那么恭喜你，你基本上就是拥有着人的外形的动物了。

弗洛伊德把人格分成本我、自我、超我三个部分。

其中的本我部分就是动物本能部分，我饿了就想吃，困了就想睡，这是所有动物与生俱来的本能，故这是动物性的本我。

而你想怎样就怎样，拿着动物本能却认为自己活出了自己，那不就是动物性本能的表现吗？这是有多傻有多天真的人才会这样认为？

这样的“做自己”我相信不是你想要的，真正靠动物本性支撑行走于这个文明社会的人也不会看我的书。而你既然选择了看我的书，我相信你是经过了理性的思考的，那么让我们言归正传，当你做到了真正的不违背本心，不去讨好别人，不去在意别人怎么看你的时候，此时的你多半是被别人讨厌的，被他人不喜欢的。这也是我前面为什么花了几篇文章去讲孤独的原因。

但相信我，这孤独也是短暂的。只要你真心接纳了真正的自己，会有一批真正有思想与你同样“孤独”的人与你靠近的，他们或者只是你周边那个平时你从未正眼看过也从未讨好过的同学、同事，或者是书中的某个哲学家、艺术家……你会与这些能够与你的心挨在一起，与你的思想有共鸣的人走到一起，那时，你的人生才迎来真正的新篇章。

知道人生就是障碍，那就什么障碍都没有了。

愿你我常思考，常被人讨厌！